高职高专国家"双高计划"建设课改教材

UG NX 12.0 典型实例教程

主 编 王 颖

副主编 董海东

参 编 贾娟娟 祁 伟 穆玉君

西安电子科技大学出版社

项目一　UG NX 12.0 软件的基本操作

 学习目的

UG NX 是一款目前较流行的计算机辅助设计、分析和制造的三维参数化软件，广泛应用于机械、航空、电子等领域。为了顺利且熟练使用 UG NX 12.0 软件，需要对软件进行一些必要的了解和设置。通过本项目的学习，可以熟悉 UG NX 12.0 的用户界面及定制方法，了解并熟练掌握 UG NX 12.0 的文件操作、图层操作和其他一些基本操作等，为后续的学习及使用奠定基础。

 学习要点

(1) UG NX 12.0 软件简介及新增功能：了解 UG NX 12.0 的新增功能。

(2) UG NX 12.0 的用户界面及其定制：熟悉 UG NX 12.0 的用户界面，灵活掌握定制界面的方法，为熟练使用该软件打好基础。

(3) UG NX 12.0 的文件操作：文件操作是使用软件过程中最基础的操作，正确地进行文件操作才能准确地在各个功能模块中完成对应的工作，才能有效地保存设计结果，提高工作效率。

(4) UG NX 12.0 的图层管理：UG NX 12.0 的图层功能可以很好地将不同的几何元素和成型特征分类，熟练运用该工具不仅能提高设计效率，还能提高模型零件的质量，减小失误率。

思政目标

(1) 了解中国制造业的简要发展历程，引导学生理解"中国制造 2025"的重大意义，深刻体会新中国成立以来中国共产党带领人民所取得的辉煌成就，切实增强制度自信、道路自信。

(2) 了解机械 CAD/CAM 技术对机械制造业发展的重大意义，帮助学生树立"干一行、爱一行、精一行"的职业意识。

1.1　任务 1：UG NX 12.0 概述

UG NX 包括很多应用模块，这些模块各自独立又相互联系。其中，有高性能的零件设计模块，还有十分完备的制图功能。UG NX 在创建了三维模型后，可以直接投影成二维图，并且能按 ISO 标准和国际标准自动标注尺寸、形位公差和汉字说明等，还可以对生成的二维图进行剖视，且剖视图可以自动关联到模型和剖切线位置。另外，UG NX 还可以进行工程图模板的设置，方便在绘制工程图的过程中调用，省去了繁琐的模板设计过程，提高了工程图的绘制效率。UG NX 中包括的模块还有钣金模块、加工模块、机械布管模块、电气线路设计模块、分析模块等。

　　UG NX 系统具有统一的、关联的数据库，软件内部各个模块的数据都能实现自由切换。若将该版本软件的基本特征操作作为交互操作的基础单位，能够使用户在更高层次上进行更为专业的设计和分析，实现并行工程的集成联动。

　　随着版本的不断更新，UG NX 软件的操作界面也越来越人性化。其绝大部分功能都可以通过按钮操作来实现，并且在进行对象操作时，具有自动推理功能。同时，每个操作步骤中，绘图区下方的状态栏/提示栏中会提示操作信息，便于用户做出正确的选择。

1.2　任务2：UG NX 12.0 的用户界面及定制

1.2.1　用户界面介绍

UG 用户界面介绍

　　启动 UG NX 12.0，进入建模环境，打开软件默认的主操作界面，如图 1-1 所示。这是一个 Windows 风格的用户界面，提供了非常友好的操作环境。

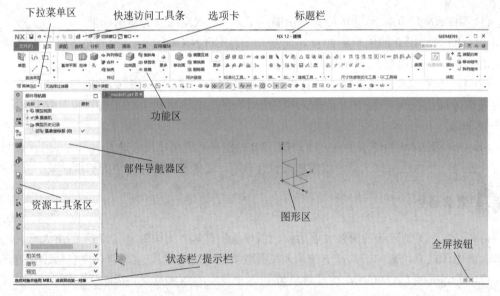

图 1-1　UG NX 12.0 主操作界面

1) 功能区

UG NX 12.0 以全新的功能区代替了以前版本的菜单栏和工具条界面，UG NX 12.0 中的功能按钮以选项卡的形式进行分类。每个功能区都带有相应的选项卡，其中包含了该选项卡中的常用命令。相比以前的版本，UG NX 12.0 功能区的布局更加紧凑，命令按钮更容易找到，提高了设计效率。

2) 下拉菜单区

UG NX 12.0 把以前版本菜单栏中的菜单全部整合到一个菜单按钮中，该按钮几乎涵盖了软件中的所有命令。换句话说，设计过程中使用的所有命令、设置、信息等都可以在下拉菜单按钮中找到。

3) 资源工具条区

资源工具条区包括"装配导航器 ""约束导航器 ""部件导航器 ""重用库 ""历史记录 "等导航工具，该区域为用户提供了一种快捷的导航方式。我们在设计过程中最常用的是"部件导航器"。

资源工具条区中主要选项功能说明：

(1) 装配导航器：显示装配体中各个组件之间的装配层次关系。

(2) 约束导航器：显示装配体中各个组件之间的装配约束关系。

(3) 部件导航器：显示建模过程及特征之间的父子关系。用户可以在每个特征前面勾选或取消勾选，从而显示或隐藏某个特征；也可以选择需要编辑的特征，单击鼠标右键对特征参数进行编辑。如果打开了多个模型，那么"部件导航器"只显示活动模型的所有特征。

(4) 重用库：单击该选项，可以从相应的库中调用标准件。

(5) 历史记录：可以显示近期以来打开或者保存过的部件。

4) 状态栏/提示栏

执行某个操作时，与该操作有关的信息会显示在窗口的左下角的状态栏(也叫提示栏)中。状态栏可以显示当前的状态，提示用户下一步的操作。新用户在还不太熟悉软件的情况下，可以多关注这个区域，有助于提高设计效率。

5) 图形区

图形区是用户的主要工作区域，因此也称为工作区。图形区主要用来进行绘制草图、实体建模、产品装配、运动仿真等工作。

1.2.2 用户界面定制

打开 UG NX 12.0 后，进入建模环境，选择下拉菜单"工具"→"定制"命令，系统弹出"定制"对话框，如图 1-2 所示。在该对话框中，可以方便地对用户界面进行个性化的设置。

用户界面定制

1. 定制选项卡

在"定制"对话框中，单击"选项卡/条"选项卡，通过该选项卡可以改变工具条的布局，也可以将其中的各种选项卡放至功能区。下面以☑曲面复选框为例了解定制过程。

(1) 选中"☑曲面"复选框，可以看到在上方选项卡区中出现了"曲面"选项卡，同时在该选项卡下方就有"曲面"的功能区，如图 1-3 所示。这样可以较方便选择各个命令按钮进行曲面建模。

(2) 单击"关闭"按钮，完成"曲面"选项卡定制。

图 1-2 "定制"对话框

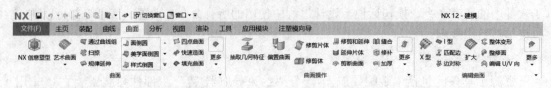

图 1-3　"定制"曲面之后的选项卡功能区

2. 定制快捷方式及图标栏

同理，可以在"定制"对话框中进行"快捷方式"及"图标/工具提示"的相关设置。如图 1-4 和图 1-5 所示。用户可以根据自己的绘图习惯，在图 1-4 中对快捷菜单或者圆盘工具条中的命令及布局进行设置，在图 1-5 中可以对功能区、工具条、对话框、选项卡等的图标大小进行设置。这些设置操作起来非常简单方便，这里不再赘述。

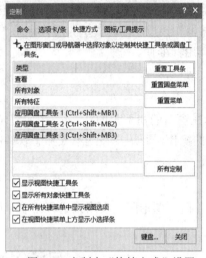

图 1-4　定制中"快捷方式"设置

图 1-5　定制中"图标/工具提示"设置

3. 角色设置

角色设置是指一个专用的 UG NX 工作界面配置，不同角色中的界面主题、图标大小和菜单位置等设置可能都不相同。根据不同使用者的需求，系统提供了几种常用的角色配置，如图 1-6 所示。其中，"CAM 高级功能"角色中的命令最全面，若要选择它，只需要在 UG NX 窗口的最左侧"资源工具条区"中单击最后一个 按钮，然后在"内容"文件夹下选择"CAM 高级功能"，就完成了角色的设置。

用户也可以根据自己的使用习惯进行界面的个性化设置，再将所有设置保存为一个角色文件，这样方便以后调用。

图 1-6　角色设置

1.2.3　操作界面及模型显示

1. UG NX 12.0 的操作界面转换

UG NX 12.0 版本的界面风格采用了 Windows 的轻量级风格，如果 UG 的老用户习惯之前的操作界面，可以单击"菜单"下拉按钮，选择"首选项"→"用户界面"→"主题"命令，然后在"NX 主题"下拉列表中选择"经典"选项，就可以将 NX 的操作界面转换成以前的风格了。

2. UG NX 12.0 的功能区

12.0 以功能区取代了之前版本的工具条及菜单栏，每个选项卡下面都有功能区，每个功能区中都有对应的各种相关命令图标。当工具图标右侧有"▼"时，表示这是一个工具组，其中包含数量不等、功能相近的工具按钮，单击该符号会展开相应的列表框。

3. 模型的渲染样式

有时为了更好地观察模型，需要改变模型的显示方式，方法有以下 3 种。表 1-1 是常用模型渲染样式选项的含义。

表 1-1　模型渲染样式说明

选　项	含　义
带边着色	用光顺着色或打光渲染工作视图中的面并显示面的边
着色	用光顺着色或打光渲染工作视图中的面(不显示面的边)
带有淡化边的线框	按边几何元素渲染面，使隐藏边灰色淡化显示
带有隐藏边的线框	按边几何元素渲染面，使隐藏边不可见
静态线框	按边几何元素渲染面，所有边都显示
艺术外观	根据指定的基本材料、纹理和光源逼真渲染工作视图中的面
面分析	用曲面分析数据渲染分析面，并按边几何元素渲染其他面
局部着色	为了突出显示，可以选择局部面进行着色

(1) 在图形窗口的空白位置单击鼠标右键，在弹出的快捷菜单中选择"渲染样式"的级联菜单中需要的命令即可，如图 1-7 所示。

图 1-7　第一种模型渲染样式

(2) 在窗口的空白位置长按鼠标右键，弹出操控球，可以滑动鼠标选择对应的显示方式或者其他视图操作，如图1-8所示。

(3) 单击窗口上方的边框条中的 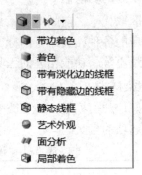 ▾按钮，通过它的下拉列表框中的各个按钮来实现模型的渲染方式改变，如图1-9所示。

带边着色	
着色	
带有淡化边的线框	
带有隐藏边的线框	
静态线框	
艺术外观	
面分析	
局部着色	

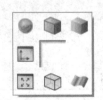

图1-8　第二种模型渲染样式　　　　图1-9　第三种模型渲染样式

1.3　任务3：UG NX 12.0 的文件操作

1.3.1　鼠标操作

用鼠标不但可以选择某个命令，选取模型中的几何要素，还可以控制图形区中的模型视图。当然，这些都只是控制模型的显示状态，而不是改变模型的真实大小和位置。熟练掌握鼠标的操作方法，可以大大提高作图的效率。例如，我们可以利用鼠标方便地对视图进行平移、旋转、缩放等操作。

(1) 平移视图：在模型窗口中，同时按住鼠标滚轮键和右键，并拖动鼠标，模型视图即可向拖动方向移动；第二种方法是按住 Shift 键的同时按住鼠标滚轮键，并拖动鼠标，模型视图也会随鼠标移动方向平移。

(2) 旋转视图：在模型窗口中，按住鼠标滚轮键的同时拖动鼠标，可以将模型视图旋转到任一位置及角度；如果要围绕模型某一位置进行旋转，可以在该位置处按住鼠标滚轮键，然后再拖动鼠标。

(3) 缩放视图：在模型窗口中，上下滚动鼠标滚轮键，即可实现模型视图的缩放。其中，滚轮键向前滚动为放大，向后滚动为缩小。如果想以某一位置为参考缩放，可先将鼠标放在窗口的该位置处，再滚动滚轮键即可。

1.3.2　首选项的使用

1. 对象首选项

对象首选项主要用于设置对象的各项属性，例如颜色、线型、线宽等。

(1) 单击"菜单"下拉按钮，选择"首选项"→"对象"命令，弹出"对象首选项"对话框，如图1-10所示。

鼠标操作及
首选项使用

图 1-10　"对象首选项"对话框

(2) 该对话框包含了"常规""分析"和"线宽"三个选项卡，具体作用如下：

① "常规"选项卡：主要用于设置工作层，即对象的类型、颜色、线型、宽度等，还可以对实体和片体进行局部着色及面分析；

② "分析"选项卡：主要用于设置分析对象的颜色和线型；

③ "线宽"选项卡：主要用于设置细线、一般线和粗线的宽度。

2. 用户界面首选项

打开软件后，系统默认显示的是"浅色(推荐)"界面。如果老用户习惯使用"经典"界面，则可以进行界面主题设置，操作步骤如下：

(1) 单击"菜单"下拉按钮，选择"首选项"→"用户界面"命令，弹出"用户界面首选项"对话框，如图 1-11 所示。

(2) 在该对话框左侧单击"主题"选项组，然后在右侧"类型"下拉列表中选择"经典"或"经典,使用系统字体"，单击"确定"按钮，即可实现主题设置。

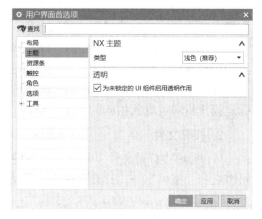

图 1-11　"用户界面首选项"对话框

1.3.3　文件的新建与保存

1. 新建文件

打开 UG NX 12.0 软件后，在创建模型之前需要创建一个相应类型的文件。选择"文件"→"新建"命令，弹出"新建"对话框，如图 1-12 所示。在"新建"对话框中，系统提供了 14 个类型选项卡，分别用来创建不同的文件。以下是四种常用文件类型。

文件操作

(1) 模型：该选项卡包含执行工程设计的各种模板，可以指定模板并设置其名称和保存路径，单击"确定"按钮，即可进入相应的工作环境。

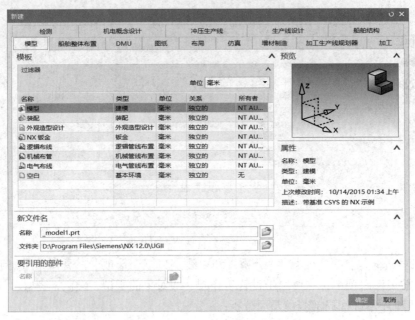

图 1-12　"新建"对话框

(2) 图纸：该选项卡包含执行工程设计的各种图纸类型，可以指定图纸类型并设置名称和保存路径，然后选择要创建的部件，即可进入相应的工作环境。

(3) 仿真：该选项卡包含仿真操作和分析的各个模块，可以进行指定零件的热力学分析和运动分析等操作，指定模块后即可进入相应的工作环境。

(4) 加工：该选项卡包含加工操作的各个模块，可以进行指定零件的机械加工操作，指定模块后即可进入相应的工作环境。

2. 打开文件

(1) 利用"打开文件"命令可直接进入与文件相对应的操作环境。要打开指定的文件，可以选择"文件"→"打开"命令，即可弹出"打开"对话框，如图 1-13 所示。

图 1-13　"打开"对话框

（2）在该对话框中选择需要打开的文件，或者直接在"文件名"列表框中输入文件名，在对话框右侧的"预览"窗口中将显示所选图形，确认无误后单击"OK"按钮即可。

3. 保存文件

（1）要保存文件，可选择"文件"→"保存"命令，或者单击快捷访问工具条中的 ![img] 保存按钮，弹出如图 1-14 的"命名部件"对话框，即可将文件保存在默认的目录里。如果需要将当前文件保存为另一个文件名，或者需要保存在另一个目录中，都可以选择"文件"→"另存为"命令，则会弹出"另存为"对话框，如图 1-15 所示。

图 1-14　"命名部件"对话框　　　　　　图 1-15　"另存为"对话框

（2）在"文件名"下拉列表中输入新的文件名称，然后单击"OK"即可。如果需要保存为其他类型，则可以在"保存类型"下拉列表中选择所需的保存类型。

（3）如果需要更改保存方式，可选择"文件"→"保存"→"保存选项"命令，则会弹出"保存选项"对话框，如图 1-16 所示，在该对话框中可以进行保存设置。

4. 导入和导出文件

UG NX 12.0 具有强大的数据交换能力，支持丰富的交换格式，例如 STEP203、STEP214、IGES、STL 等通用格式，还可以创建与 CREO、CATIA 交换数据的专用格式。

图 1-16　"保存选项"对话框

1）导入文件

导入文件具有与非 UG 用户进行数据交换的功能。当数据文件是由其他工业设计软件建立时，由于它与 UG 系统的数据格式不一样，因此直接利用 UG 软件无法打开此类数据文件，而导入文件功能使 UG 可以与其他工业设计软件进行数据交换。要导入文件，可以选择"文件"→"导入"命令，会弹出如图 1-17 所示对话框。可以导入的文件类型很多，要导入某种类型的文件，可以直接选择对应的选项。例如，要导入 STL 文件，可以选择对应的选项，即可打开相应的对话框，弹出如图 1-18 所示的对话框，单击 ![img] "浏

文件导入和导出

览"按钮，在弹出的对话框中选择想导入的文件，即可将该文件导入 UG 软件中。

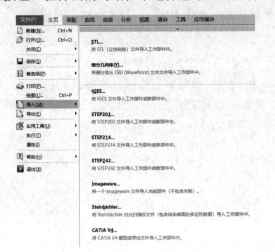

图 1-17　文件导入菜单　　　　　　　　　图 1-18　"STL 导入"对话框

2) 导出文件

导出文件功能与导入文件功能类似，UG NX 12.0 可以把软件中已创建的现有文件导出为 UG 支持的其他格式。要导出文件，可以选择"文件"→"导出"命令，弹出如图 1-19 所示菜单，可以看到各种支持导出的文件类型。例如，要将一个 UG 文件导出为"IGES"格式，可以直接选择 IGES 子菜单，弹出如图 1-20 所示对话框。在该对话框中指定保存路径和文件名，单击"确定"按钮就可以实现文件导出。

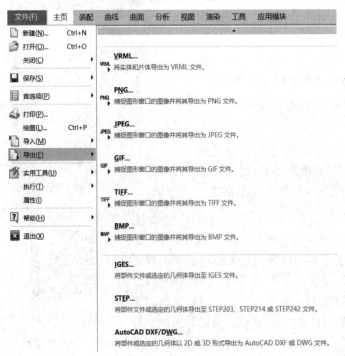

图 1-19　文件导出菜单　　　　　　　　　图 1-20　"导出至 IGES 选项"对话框

1.4　任务4：UG NX 12.0 的图层操作

在 UG NX 12.0 软件中，图层可以将不同的几何元素和特征进行分类，用户可以根据需要选择相应的内容，并把它们放置在不同的图层上。建模时，任何一个部件都可以设置 1～256 个图层，而且每个图层上的对象都没有数量的限制。另外，部件中的所有对象可以都放在同一个图层中，也可以放在其他任意一个或多个图层中。

1.4.1　设置图层

在 UG NX 12.0 软件中，图层分为三类：工作图层、可见图层、不可见图层。在一个部件的所有图层中，只有一个图层是当前工作图层，所有操作只能在工作图层上进行，而其他图层则可以对它们的可见性、可选择性等进行设置和辅助工作。如果要在某图层中创建对象，则应在创建对象前使其成为当前工作图层。

也就是说，图层设置都是对工作图层的设置。要对某一层进行设置和编辑操作，首先要将该层设置为工作图层，单击"菜单"下拉按钮，选择"格式"→"图层设置"命令，或者单击"视图"选项卡下方"可见性"功能区中的 图层设置 按钮，弹出如图 1-21 所示对话框，该对话框中各选项的含义见表 1-2。

图层设置

图 1-21　"图层设置"对话框

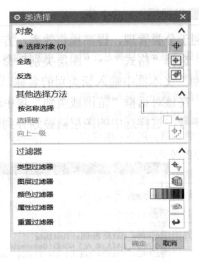
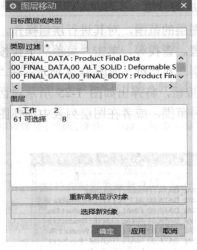

图 1-26　"类选择"对话框　　　　图 1-27　"图层移动"对话框

要复制图层，单击"菜单"下拉按钮，选择"格式"→"复制至图层"命令，或单击"视图"选项卡下方"可见性"功能区中的 复制至图层 按钮，弹出相应的对话框；在绘图区中选择需要复制至另一个图层的对象，单击"确定"按钮；在新弹出的对话框中输入想要复制至的图层序号，选择完成后单击"确定"按钮即可完成图层复制。

小　　结

UG NX 是目前流行的计算机辅助设计、分析和制造的三维参数化软件之一，广泛应用于机械、航空、电子等领域。本项目的主要内容是 UG NX 12.0 的入门简介和基本操作，具体包括 UG NX 12.0 产品介绍、UG NX 12.0 的操作界面、文件管理基本操作、图层管理和其他一些基本操作等内容。

练　习　题

1. 简述如何实现自定义角色的保存及调用。
2. 当前功能区有一个图标未显示出来，怎样将其在功能区中显示出来？
3. 在图层管理操作中，我们可以针对哪一种显示状态图层上的图素进行修改？
4. 部件导航器有哪些功能？

注：其他补充习题见与教材配套的上机指导。

项目二 草图设计

学习目的

绘制草图是实现 UG 软件参数化特征建模的基础,通过它可以快速绘制出大概的形状,在添加尺寸和约束后完成轮廓的设计,能够较好地表达设计意图。草图建模是高端 CAD 软件的一个重要建模方法。一般情况下,零件的设计都是从草图开始的,掌握好草图的绘制是创建复杂三维模型的基础。

本项目主要介绍 UG NX 12.0 软件的草图功能,草图是与实体模型相关联的二维图形,一般作为三维实体模型的基础,很多三维实体模型都是通过草图拉伸、旋转或扫掠作出来的。

本项目将具体介绍绘制草图常见命令的使用方法,包括建立草图、约束草图、编辑草图和管理草图的各项功能,并进行了实例说明,使读者能全面、深入地掌握 UG NX 12.0 软件的草图功能,为后续三维建模打好基础。

学习要点

(1) UG NX 12.0 草图设计准备工作。了解草图工作平面,熟悉并掌握进入草图环境的两种方式。

(2) UG NX 12.0 的草图设计功能。了解并熟悉草图绘制的基本界面,通过实例练习熟悉草图绘制的基本命令,逐步熟练掌握基本草图的绘制方法。

(3) UG NX 12.0 的草图编辑功能。掌握草图模式下的各种编辑命令,灵活使用这些编辑命令,可以更快、更好地构建草图,提高设计效率。

(4) 尺寸约束和几何约束。尺寸标注和图元之间几何位置的约束关系在编辑和修改草图中十分重要,灵活掌握尺寸标注的方法和几何约束的使用方法,可以大大提高绘图效率和准确性。

思政目标

(1) 在掌握草图设计相关规范要求的过程中,帮助学生养成不能忽视每一个小细节的求真态度。

(2) 培养学生善于总结、不断改进、追求卓越的良好职业习惯。

2.1　任务 5：草图设计准备

认识草图功能

2.1.1　相关知识点

1. 草图概述

草图是位于指定平面或路径上的 2D 曲线和点的已命名集合。可采取几何约束和尺寸约束的形式来应用规则，以确立设计所需的准则。从草图创建的特征与草图相关联；如果草图改变，特征也将改变。

2. 草图工作平面

要绘制草图对象，首先需要指定草图平面(用于附着草图对象的平面)，这就好比绘画需要准备好图纸一样。本节主要介绍草图工作平面的相关知识。

用于绘制草图的平面通常被称为"草图平面"，它可以是坐标平面(如 XC-YC 平面、XC-ZC 平面、YC-ZC 平面)，也可以是基准平面或实体上的某一个平面。

在实际设计工作中，用户可以在创建草图对象之前，按照设计要求来指定合适的草图平面；也可以在创建草图对象时使用默认的草图平面，然后再重新附着草图平面。

2.1.2　进入草图环境

草图的基本环境是绘制草图的基础，该环境提供了 UG NX 12.0 中用于草图的绘制、操作、编辑以及约束等的相关草图工具。启动 UG NX 12.0，建立建模文件以后，有多种方式可以进入草图环境，下面介绍常用的两种。

1. 直接草图工具

单击"主页"选项卡中"直接草图"组中的"草图"　按钮，或者单击"菜单"下拉按钮，选择"插入"→"草图"命令，弹出如图 2-1 所示的"创建草图"对话框；选择草图绘制平面及草图坐标系后，单击"确定"按钮进入草图绘制环境(这里一般默认选择XC-YC 平面)。该方式用于在当前应用模块中直接创建草图，可以使用主页标签卡下的"直接草图"工具来添加曲线、尺寸、约束等，如图 2-2 所示，绘制完成后单击"完成草图"　按钮。

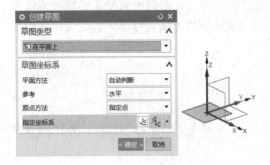

图 2-1　"创建草图"对话框

图 2-2　"直接草图"功能区及命令按钮

2. 任务环境绘制草图

单击"菜单"下拉按钮，选择"插入"→"在任务环境中绘制草图"，同样在弹出的对话框中选择好草绘平面和坐标系后，系统进入草图绘制环境。该方式用于创建草图并进入"草图"任务环境。进入草图绘制环境后，功能区显示的按钮全都与草图绘制相关，且都是大图标显示，图标下方带有命令的名称，如图2-3所示。

图2-3 "任务环境草图"功能区及命令按钮

💡 **注意**：第一种"直接草图"工具创建的草图，在部件导航器中同样会显示为一个独立的特征，也能作为特征的截面草图使用。这种方法本质上与"任务环境中的草图"没有区别，只是实现方式比较直接。初次使用时，建议采用"任务环境绘制草图"方式，便于快速认识并熟悉各个命令按钮。

2.2 任务6：简单草图的绘制

简单草图绘制

2.2.1 绘制草图的常用命令

一般的草图在绘制的过程中，总会包含一些基本的几何元素，例如直线、圆弧、矩形等，这就要使用草图绘制的一些常用命令。下面我们就一些使用频率较高的命令加以介绍。

1. 绘制直线

进入草图环境后，依次单击"主页"→"直接草图"→"直线"按钮 ，或者单击"菜单"下拉按钮，选择"插入"→"草图曲线"→"直线"命令，打开"直线"对话框，如图2-4所示。在该对话框中，可供选择的输入模式有"坐标模式" XY 和"参数模式" 。绘制时，单击鼠标左键进行起点和终点位置的选择，单击中键确认。

(1) 通过输入 X 坐标值和 Y 坐标值来创建直线的起点和终点。

(2) 选择确认起点后，通过输入长度和角度的方式确定终点。

 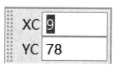 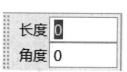

图2-4 "直线"对话框及输入框

2. 绘制圆

进入草图环境后，依次单击"主页"→"直接草图"→"圆"按钮○，或者单击"菜单"下拉按钮，选择"插入"→"草图曲线"→"圆"命令，打开"圆"对话框，如图2-5所示。在该对话框中，可供选择的输入模式有"圆方法"和"输入模式"。

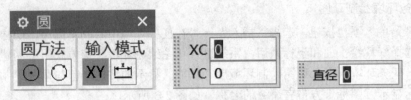

图 2-5 "圆"对话框及输入框

1) 圆方法

(1) "圆心和直径定圆" ⊙：先在绘图区以鼠标左键指定圆心位置，然后在输入框输入直径值完成绘制。

(2) "三点定圆" ○：依次在绘图区用鼠标左键选择三个点，作为圆通过的三个点来绘制圆；或者在绘图区选择圆上两点，再输入直径值，也可以创建圆。

2) 输入模式

(1) "坐标模式" XY：通过输入坐标值的方式指定圆上各点。

(2) "参数模式" ⊡：用来指定圆的直径参数。

3. 绘制圆弧

进入草图环境后，依次单击"主页"→"直接草图"→"圆弧"按钮 ⌒，或者单击"菜单"下拉按钮，选择"插入"→"草图曲线"→"圆弧"命令，弹出"圆弧"对话框，如图 2-6 所示。在该对话框中，可供选择的输入模式有"圆弧方法"和"输入模式"。

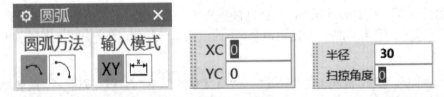

图 2-6 "圆弧"对话框及输入框

1) 圆弧方法

(1) "三点定圆弧" ⌒：先在绘图区选择一个点作为圆弧起点，再选择圆弧终点，最后选择圆弧上一点完成圆弧绘制；或者选择起点和终点后，输入半径值完成圆弧绘制。

(2) "中心和端点定圆弧" ⌒：先在绘图区选择圆弧中心点，再选择圆弧的起点和终点来绘制圆弧；或者在绘图区选择圆弧中心点，再输入半径值和扫掠角度，也可以创建圆弧。

2) 输入模式

(1) "坐标模式" XY：通过输入坐标值的方式指定圆弧上各点。

(2) "参数模式" ⊡：用来指定圆弧的半径和扫掠角度参数。

4. 绘制多边形

进入草图环境后，依次单击"主页"→"直接草图"→"多边形"按钮 ⬡，或者单击"菜单"下拉按钮，选择"插入"→"草图曲线"→"多边形"命令，弹出"多边形"对话框，如图 2-7 所示。在该对话框中，可以依次指定多边形的中心点、边数和大小参数。此外，还可以设置多边形的旋转角度。

图 2-7 "多边形"对话框及输入框

可使用以下方法指定多边形的大小：内切圆半径、外接圆半径、多边形的边长。

5. 绘制矩形

进入草图环境后，依次单击"主页"→"直接草图"→"矩形"按钮，或者单击"菜单"下拉按钮，选择"插入"→"草图曲线"→"矩形"命令，弹出"矩形"对话框，如图 2-8 所示。在该对话框中，可供选择的输入模式有"矩形方法"和"输入模式"。

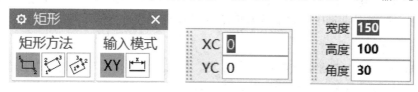

图 2-8 "矩形"对话框及输入框

1) 矩形方法

(1) 按 2 点：在绘图区以鼠标左键依次选择矩形的两个对角点，创建矩形。

(2) 按 3 点：先在绘图区内用鼠标左键选择矩形起点，再选择决定矩形宽度的第二点，最后选择出决定矩形高度的第三点，即可完成矩形绘制；或者先在绘图区内选择矩形一个角点，然后输入宽度、高度和角度数值，也可完成矩形绘制。

(3) 从中心：先在绘图区内选择矩形中心点，再选择决定矩形宽度的第二点，最后选择出决定矩形高度的第三点，即可完成矩形绘制；或者先在绘图区选择矩形中心点，然后输入宽度、高度和角度数值，也可完成矩形绘制。

2) 选项

(1) "坐标模式" XY：通过在键盘上输入坐标值的方式指定矩形上各点。

(2) "参数模式"：用来指定矩形的宽度、高度和角度参数。

6. 绘制轮廓线

使用轮廓命令在线串模式下创建一系列的相连直线和/或圆弧。在线串模式下，上一条曲线的终点变成下一条曲线的起点。进入草图环境后，依次单击"主页"→"直接草图"→"轮廓"按钮，或者单击"菜单"下拉按钮，选择"插入"→"草图曲线"→"轮廓"命令，弹出"轮廓"对话框，如图 2-9 所示。在该对话框中，可供选择的输入模式有"对象类型"和"输入模式"。

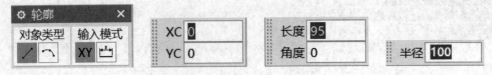

图 2-9　　"轮廓"对话框及输入框

1) 对象类型

(1) "直线"：先在绘图区内选择两个点完成直线绘制。

(2) "圆弧"：先在绘图区内选择圆弧起点，再选择圆弧的终点，最后选择圆弧上一点来绘制圆弧；或者选择起点和终点后，再输入半径值也可完成圆弧绘制。

2) 输入模式

(1) "坐标模式" XY：通过键盘输入坐标值的方式指定直线或圆弧上各点。

(2) "参数模式"：用来指定直线的长度和角度参数、圆弧的半径参数。

7. 绘制圆角

进入草图环境后，依次单击"主页"→"直接草图"→"圆角"按钮，或者单击"菜单"下拉按钮，选择"插入"→"草图曲线"→"圆角"命令，弹出"圆角"对话框，如图 2-10 所示。在该对话框中，可供选择的输入模式有"圆角方法"和"选项"。

1) 圆角方法

(1) "修剪"：左键依次拾取两个对象，在输入框中输入半径值，创建它们之间的圆角，并修剪掉圆角外侧的部分，效果如图 2-11 所示。

(2) "取消修剪"：左键依次拾取两个对象，在输入框中输入半径值，创建它们之间的圆角，但是保留所有原有曲线，效果如图 2-11 所示。

2) 选项

(1) "删除第三条曲线"：在两个对象之间创建圆角后，系统默认把不相干的第三条曲线删除。

(2) "创建备选圆角"：在两个对象之间创建圆角时，系统提供其他圆角效果，用户可以根据需要选择另外一种可能的圆角效果，效果如图 2-12 所示。

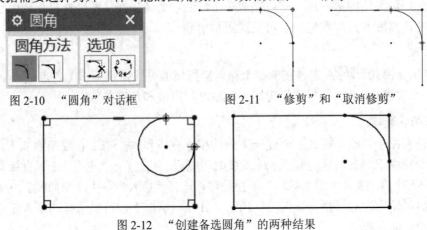

图 2-10　　"圆角"对话框　　　　　　　图 2-11　　"修剪"和"取消修剪"

图 2-12　　"创建备选圆角"的两种结果

8. 绘制倒斜角

使用倒斜角命令可斜接两条草图线之间的尖角。进入草图环境后，依次单击"主页"→"直接草图"→"倒斜角"按钮，或者单击"菜单"下拉按钮，选择"插入"→"草图曲线"→"倒斜角"命令，弹出"倒斜角"对话框，如图 2-13 所示。在该对话框中，先选择要倒斜角的两条曲线，再选择倒斜角的方式，最后输入相关参数，例如偏置距离或者角度即可完成倒斜角创建，也可以按住鼠标左键并在曲线上拖动来创建倒斜角。

图 2-13 "倒斜角"对话框及三种偏置方式

9. 绘制椭圆

进入草图环境后，依次单击"主页"→"直接草图"→"椭圆"按钮，或者单击"菜单"下拉按钮，选择"插入"→"草图曲线"→"椭圆"命令，弹出"椭圆"对话框，如图 2-14 所示。在该对话框中，先指定椭圆的中心点，再输入相关参数，例如大、小半径，旋转角度等即可完成椭圆创建。

10. 绘制艺术样条

进入草图环境后，依次单击"主页"→"直接草图"→"艺术样条"按钮，或者单击"菜单"下拉按钮，选择"插入"→"草图曲线"→"艺术样条"命令，弹出"艺术样条"对话框，如图 2-15 所示。在该对话框中，可以使用点或极点动态地创建样条。绘制时，单击鼠标左键选择样条曲线经过的各个点的位置，单击鼠标中键确认并退出绘制。

图 2-14 "椭圆"对话框　　　　图 2-15 "艺术样条"对话框

2.2.2　尺寸约束和几何约束

草图设计完成后，虽然轮廓曲线基本上已经勾画出来了，但这样绘制出来的草图曲线还不够精确，不能准确表达设计者的设计意图，因此还需要对草图对象施加约束和定位尺寸。

"草图约束"主要包括"尺寸约束"和"几何约束"两种类型。"尺寸约束"是用来驱动、限制和约束草图几何对象的大小和形状的。"几何约束"用来定位草图对象和确定草图对象之间的相互关系，如平行、垂直、同心、固定、重合、共线、中心、水平、相切、等长度、等半径、固定长度、固定角度、曲线斜率、均匀比例等。对草图对象施加尺寸约束和几何约束后，草图对象就可以精确地确定下来了。

1. 尺寸约束

尺寸约束用来指定并维持草图几何图形(或草图几何图形之间)的尺寸，也称为驱动尺寸。依次单击"菜单"→"插入"→"在任务环境中绘制草图"，在弹出的对话框中选择草绘平面和坐标系后，进入草绘环境。进入草图环境后，屏幕上会出现绘制草图时所需要的"草图工具"工具条，如图 2-16 所示，图中方框框中的三项是比较常用的按钮。

图 2-16　"任务环境草图"功能区及命令按钮

(1) 选择该工具条中的"快速尺寸"按钮 ![icon]，单击"▼"符号，展开下拉列表，如图 2-17 所示，从中可以选择相应的约束类型。各约束类型说明如下：

① 快速尺寸：通过基于选定的对象和光标的位置自动判断尺寸类型来创建尺寸约束。

② 线性尺寸：该按钮用于在所选的两个对象或点位置之间创建线性距离约束。

③ 径向尺寸：该按钮用于创建圆形对象的半径或直径约束。

④ 角度尺寸：该按钮用于在所选的两条不平行直线之间创建角度约束。

⑤ 周长尺寸：该按钮用于对所选的多个对象进行周长尺寸约束。

图 2-17　"快速尺寸"下拉列表

(2) 依次单击"菜单"→"插入"→"草图约束"→"尺寸"→"快速"按钮，弹出如图 2-18 所示的"快速尺寸"对话框；在该对话框的"测量方法"下拉列表中可以选择相应的约束类型进行尺寸标注。其中，"自动判断"标注尺寸是系统默认的尺寸类型，也是最常用的尺寸标注方法，使用该功能，系统会通过选定的对象和光标的位置来自动判断尺寸类型，标注出尺寸。

图 2-18　"快速尺寸"对话框

(3) 选择该工具条中的"显示草图约束"按钮▶⟂，单击"▼"符号，展开下拉列表，如图 2-19 所示。在这里，我们可以看到，在草图绘制的初始默认状态下，草图的约束和尺寸都是显示状态。例如，若"连续自动标注尺寸"按钮是按下的状态，表示只要在草图中绘制一个对象，系统就会自动标注出相应的尺寸，这时鼠标左键双击尺寸值，即可对其进行修改，十分方便，可以大大提高绘图效率。

图 2-19　"显示草图约束"下拉列表

2. 几何约束

一般在添加几何约束时，要先单击图 2-16 中的"显示草图约束"按钮▶⟂，则二维草图中所存在的所有约束都显示在图中。几何约束就是指定并维持草图几何图形(或草图几何图形之间)的条件(或关系)。

在二维草图中，添加几何约束主要有两种方法：手工添加几何约束和自动产生几何约束。

(1) 手工添加约束。是指对所选对象由用户自己来指定某种约束。依次单击"主页"→"直接草图"→"更多"→"几何约束"按钮⟂，或者依次单击"菜单"→"插入"→"草图约束"→"几何约束"命令，弹出如图 2-20 的"几何约束"对话框。根据所选对象的几何关系，在几何约束类型中选择一个或多个约束类型，则系统会添加指定类型的几何约束到所选草图对象上，这些草图对象会因所添加的约束而不能随意移动或旋转。其中约束类型的含义如表 2-1 所示。

图 2-20　"几何约束"对话框

表 2-1　　"几何约束"的类型及含义

约束类型	对应含义	约束类型	对应含义
重合	约束两个或多个点重合	水平对齐	约束两个或多个选定点水平对齐
点在曲线上	约束选定点在曲线上	竖直对齐	约束两个或多个选定点竖直对齐
相切	约束两条选定的曲线相切	中点	约束一个选定点与一条线或圆弧的中点对齐
平行	约束两条或多条选定的直线相互平行	共线	约束两条或多条选定直线，使它们共线
垂直	约束两条选定的直线相互垂直	同心	约束两条或多条选定的圆弧或椭圆弧中心重合
水平	约束一条或多条选定直线为水平线	等长	约束两条或多条选定直线，使它们长度相等
竖直	约束一条或多条选定直线为竖直线	等半径	约束两条或多条选定圆弧，使它们半径相等

(2) 自动产生几何约束。是指系统根据选择的几何约束类型以及草图对象间的关系，自动添加相应约束到草图对象上。一般利用"自动约束"按钮 来让系统自动添加约束。

2.2.3　草图绘制实例

下面我们通过一个具体的实例来学习如何创建简单的二维草图，完成效果如图 2-21 所示。

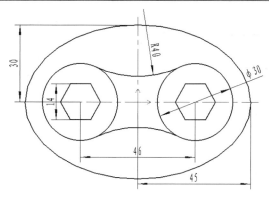

图 2-21 绘制完成的草图

绘制步骤如下：

(1) 进入草图绘制环境。新建一个模型文件，依次单击"主页"→"直接草图"→"草图"按钮 ，选择基准 XC-YC 平面为草图平面，进入草绘环境。

💡 注意：所有的草图对象都必须在某一指定的平面上进行绘制，而该指定平面可以是任意一个平面，既可以是坐标平面和基准平面，也可以是某一实体的表面，还可以是某一片体。

(2) 绘制椭圆。依次单击"主页"→"直接草图"→"椭圆"按钮 ，弹出"椭圆"对话框，如图 2-22 所示；在该对话框中输入椭圆的大半径和小半径，并在绘图区选择坐标原点为椭圆中心点，绘制出大半径为 45 mm、小半径为 30 mm 的椭圆，再用快速尺寸的方式标注出椭圆的尺寸，结果如图 2-23 所示。

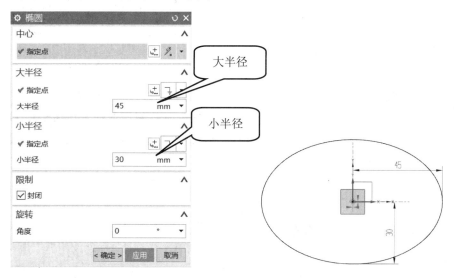

图 2-22 "椭圆"对话框中及设置　　　　图 2-23 椭圆绘制结果

(3) 绘制圆。依次单击"主页"→"直接草图"→"圆"按钮 ○，弹出"圆"对话框，如图 2-24 所示；在"圆方法"中选择"圆心和直径定圆" ⊙ 选项，"输入模式"中选择"坐标模式" XY，依次输入圆心坐标(X23，Y0)及直径值 30，即可绘制出 φ30 的圆，如图 2-25 所示。

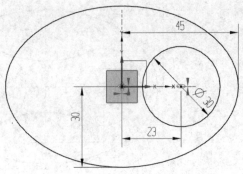

图 2-24　"圆"对话框　　　　　　　　　图 2-25　圆完成效果

(4) 绘制多边形。依次单击"主页"→"直接草图"→"多边形"按钮⊙，弹出"多边形"对话框；选择右边圆的圆心作为多边形的中心，设置边数为 6，其他设置如图 2-26 所示，即可绘制出如图 2-27 所示的六边形。

💡 注意：绘制一个多边形后，该对话框不会自动关闭，仍可继续绘制其他多边形，如果已经绘制结束，可单击鼠标中键或者对话框中的"关闭"按钮。

图 2-26　"多边形"对话框及设置　　　　　图 2-27　多边形完成效果

(5) 镜像图形。依次单击"主页"→"直接草图"→"镜像曲线"按钮⌐，弹出"镜像曲线"对话框，如图 2-28 所示；在该对话框中选择前面绘制的圆和多边形作为要镜像的曲线，选择 Y 轴作为镜像中心线，镜像结果如图 2-29 所示。

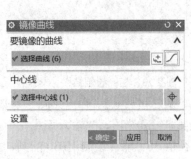

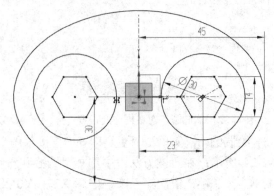

图 2-28　"镜像曲线"对话框　　　　　　　图 2-29　镜像结果

(6) 绘制 R40 的相切圆弧。依次单击"主页"→"直接草图"→"圆弧"按钮 ⌒，弹出"创建圆弧"对话框；在"圆弧方法"中选择"三点定圆弧"选项 ⌒，"输入模式"中选择"参数模式" ，依次在左边圆上选取一点，右边圆上选取一点，在弹出的半径输入框中输入"40"，即可绘制出 R40 的圆弧，如图 2-30 所示。

💡 **注意**：绘制相切圆弧时，系统一般会默认捕捉切点，这时只需要选择该点即可；如果没有捕捉到切点，也可以绘制完成后添加相切的几何约束，使圆弧满足位置要求。

(7) 镜像图形。依次单击"主页"→"直接草图"→"镜像曲线"按钮 ⌒，弹出"镜像曲线"对话框；选择上一步绘制的圆弧作为要镜像的曲线，选择 X 轴作为镜像中心线，镜像结果如图 2-31 所示。

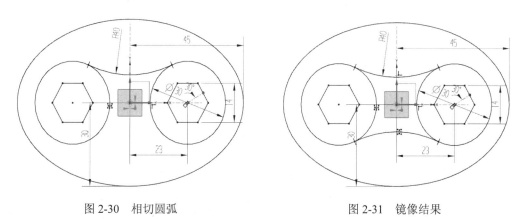

图 2-30　相切圆弧　　　　　　　　　　图 2-31　镜像结果

(8) 完成草图。检查图形后单击"完成草图"按钮 ，退出草图绘制环境。

2.3　任务 7：草图的编辑

2.3.1　编辑草图的常用命令

针对比较复杂的图形，草图初步绘制成形后，还要进行一些必要的编辑与修改，才能达到最终的效果。下面我们就一些常见的草图编辑命令加以介绍。

草图编辑

1. 快速修剪

进入草图环境后，依次单击"主页"→"直接草图"→"快速修剪"按钮 ，或者单击(选择)主 菜单→"编辑"→"草图曲线"→"快速修剪"命令，弹出"快速修剪"对话框，如图 2-32 所示。在该对话框中，可以将曲线修剪到任一方向上最近的实际交点或虚拟交点。可以在系统提示下单击鼠标左键选中需要修剪的曲线，也可以通过按住鼠标左键并拖拽的方式来进行修剪。如图 2-33(a)所示的曲线，利用"快速修剪"命令，单击鼠标左键拾取中间部分，即可修剪掉不需要的线条，结果如图 2-33(b)所示。

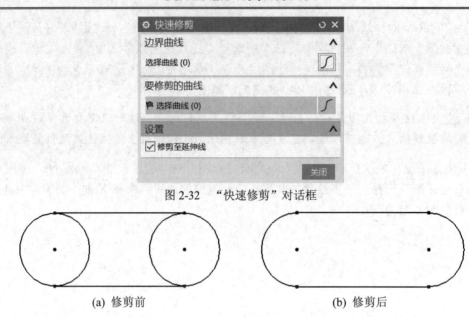

图 2-32　"快速修剪"对话框

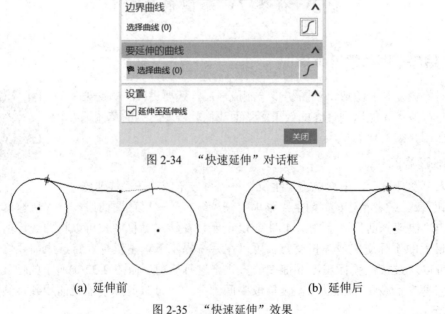

（a）修剪前　　　　　　　　　　　（b）修剪后

图 2-33　"快速修剪"效果

2. 快速延伸

进入草图环境后，单击"主页"→"直接草图"→"快速延伸"按钮 ，或者选择"菜单"→"编辑"→"草图曲线"→"快速延伸"命令，打开"快速延伸"对话框，如图 2-34 所示。使用"快速延伸"命令可以将曲线延伸到它与另一条曲线的实际交点或虚拟交点处。可以将一条曲线延伸至需要的位置，也可以将多条曲线统一延伸至一个边界。如图 2-35(a) 所示的曲线，利用"快速延伸"命令，单击鼠标左键拾取圆弧为要延伸的曲线，边界曲线选择右侧圆，即可延伸到圆上切点位置，结果如图 2-35(b)所示。

图 2-34　"快速延伸"对话框

（a）延伸前　　　　　　　　　　　（b）延伸后

图 2-35　"快速延伸"效果

3. 制作拐角

进入草图环境后，单击选项卡"主页"→"直接草图"→"制作拐角"按钮 ✚，或者选择"菜单"→"编辑"→"草图曲线"→"制作拐角"命令，打开"制作拐角"对话框，如图 2-36 所示。使用"制作拐角"命令，可通过将两条输入曲线延伸和/或修剪到一个公共交点来创建拐角。在草绘环境下，依次选择要制作拐角的曲线，当所选的曲线原本就相交时，制作拐角的效果等同于修剪，如图 2-37(a)所示；当所选的曲线原本没有相交时，制作拐角的效果等同于延伸，如图 2-37(b)所示。

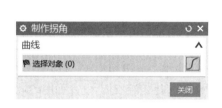

　　　　　　　　　(a) 相交曲线制作拐角　　(b) 未相交曲线制作拐角

图 2-36　"制作拐角"对话框　　　　　图 2-37　两种拐角效果

4. 偏置曲线

进入草图环境后，单击"主页"→"直接草图"→"偏置曲线"按钮 ⟲，或者选择"菜单"→"插入"→"草图曲线"→"偏置曲线"命令，打开"偏置曲线"对话框，如图 2-38 所示。使用"偏置曲线"命令可在距现有直线、圆弧、二次曲线、样条和边的一定距离处创建曲线。例如，选择该命令后，我们选择要偏置的正六边形，输入偏置距离 20，设置偏置方向"向外"及副本数 3，就可以实现曲线的偏置了，效果如图 2-39 所示。

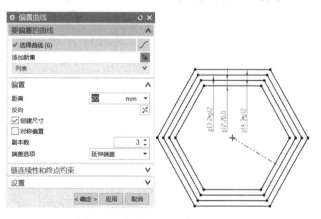

图 2-38　"偏置曲线"对话框　　　　　图 2-39　相关设置及偏置效果

5. 镜像曲线

进入草图环境后，单击"主页"→"直接草图"→"镜像曲线"按钮 ⬚，或者选择"菜单"→"插入"→"草图曲线"→"镜像曲线"命令，打开"镜像曲线"对话框，如图 2-40 所示。使用"镜像曲线"命令，通过指定的草图直线，制作草图几何图形的镜像副本。例如，在草图环境中选择该命令后，可以选择要镜像的曲线，再选择镜像中心线，然后单击鼠标中键确认就可以实现曲线镜像了，结果如图 2-41 所示。

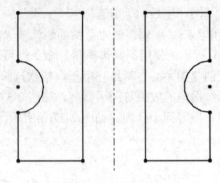

图 2-40　"镜像曲线"对话框　　　　　　　　　图 2-41　镜像效果

6. 阵列曲线

进入草图环境后，单击"主页"→"直接草图"→"阵列曲线"按钮 ，或者选择"菜单"→"插入"→"草图曲线"→"阵列曲线"命令，弹出"阵列曲线"对话框，如图 2-42 所示。使用阵列曲线命令可对与草图平面平行的边、曲线和点设置阵列。在草图环境中选择该命令后，可以选择要阵列的曲线，然后按需要选择阵列布局方式并设置好参数，即可实现曲线阵列了。有三种阵列布局方式，分别是"线性""圆形"和"常规"，下面分别进行说明。

(1) 线性阵列。该方式使用 1 个或 2 个线性方向定义布局。先选择要阵列的曲线，再指定某一方向为阵列生成方向后，输入该方向的数量及间距即可。棋盘状阵列布局时需要使用"第二方向"，阵列设置及效果如图 2-42(a)所示。

(2) 圆形阵列。该方式使用旋转轴和可选的径向间距参数定义布局。先选择要阵列的曲线，再指定某一点为阵列生成的旋转中心后，输入阵列数量及节距角即可。阵列设置及效果如图 2-42(b)所示。

(3) 常规阵列。该方式使用一个或多个目标点或者坐标系定义的位置来定义布局。先选择要阵列的曲线，再指定某一点为阵列生成的起点，然后选择其他阵列的点位置或者坐标系即可生成。阵列设置及效果如图 2-42(c)所示。

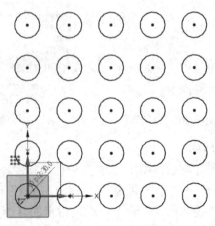

(a) 线性阵列

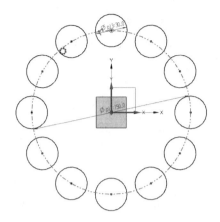

(b) 圆形阵列

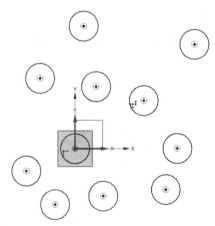

(c) 常规阵列

图 2-42　"阵列曲线"的三种布局方式

2.3.2　草图编辑实例

下面我们通过一个具体的实例来学习如何创建比较复杂的二维草图，完成效果如图 2-43 所示。

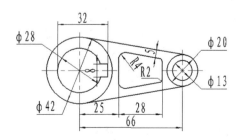

图 2-43　绘制编辑完成的草图

绘制步骤如下：

(1) 进入草图环境。依次单击"主页"→"直接草图"→"草图"按钮![icon]，选择基准 XC-YC 平面为草图平面，进入草绘环境。

(2) 绘制内孔圆。依次单击"主页"→"直接草图"→"圆"按钮○，以草图原点为圆心绘制一个ϕ42 的圆，如图 2-44 所示。

(3) 绘制右边两个同心圆。依次单击"主页"→"直接草图"→"圆"，以坐标(66, 0)点为圆心分别绘制出ϕ12、ϕ20 的两个圆，如图 2-45 所示。

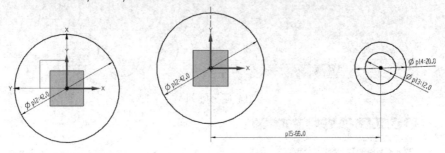

图 2-44　绘制ϕ42 圆　　　　　　　　　图 2-45　绘制右边同心圆

(4) 绘制轮廓连接线。依次单击"主页"→"直接草图"→"直线"按钮✐，连接两圆上边线和下边线。绘制时注意引入相切约束，结果如图 2-46 所示。

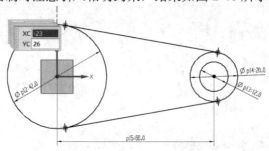

图 2-46　绘制轮廓连接线

(5) 偏置曲线。依次单击"主页"→"直接草图"→"草图曲线"下拉按钮 ▾ →"偏置曲线"按钮 ⬡，偏置两条轮廓直线，偏置尺寸为 5 mm，如图 2-47 所示。绘制时注意，偏置方向是默认的，可以双击方向箭头进行切换。

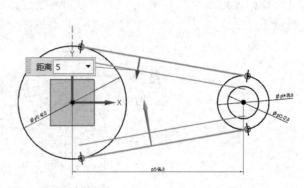

图 2-47　绘制偏置线

(6) 绘制内部两竖线。依次单击"主页"→"直接草图"→"直线"连接上步偏置的直线,并使左边竖直线距草图竖轴距离为 25 mm,右边竖直线距左边竖直线距离为 28 mm,绘制时引入自动添加的竖直约束,或者后续添加竖直约束,结果如图 2-48 所示。

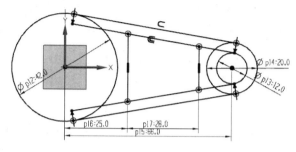

图 2-48　绘制内部两竖线图

(7) 修剪两端多余直线。依次单击"主页"→"直接草图"→"快速修剪"按钮，修剪偏置曲线两端多余部分,如图 2-49 所示。

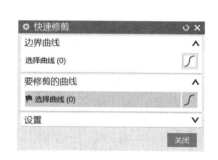
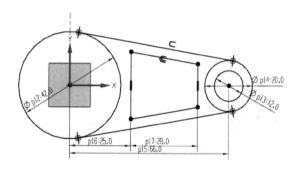

图 2-49　修剪多余直线图

💡 **注意**:由于要修剪曲线为偏置曲线所得,而偏置线不允许从中段修剪,所以修剪时必须从两端向中间修剪。

(8) 绘制圆角。依次单击"主页"→"直接草图"→"角焊"按钮，在"角焊"对话框中选择"修剪"模式,选择左边两线半径设为 R4,右边两线半径设为 R2,如图 2-50 所示。

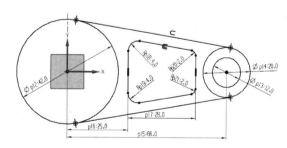

图 2-50　"角焊"对话框及绘制圆角结果

(9) 绘制内孔圆。依次单击"主页"→"直接草图"→"圆"按钮○,以草图原点为圆心绘制一个 $\phi28$ 的圆,如图 2-51 所示。

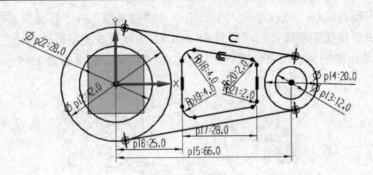

图 2-51　绘制 ϕ28 圆

（10）绘制辅助线。依次单击"主页"→"直接草图"→"直线"按钮，以草图原点为起点绘制长度为 18 mm、角度为 0 的直线，绘制完成后单击鼠标右键"转换为参考"命令，将线条设置为参考，如图 2-52 所示。

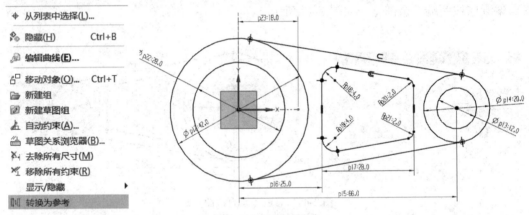

图 2-52　绘制辅助线

（11）偏置辅助线。依次单击"主页"→"直接草图"→"草图曲线"下拉按钮→"偏置曲线"按钮，选择上步所作辅助线对称偏置，值为 4 mm，相关设置及结果如图 2-53 所示。

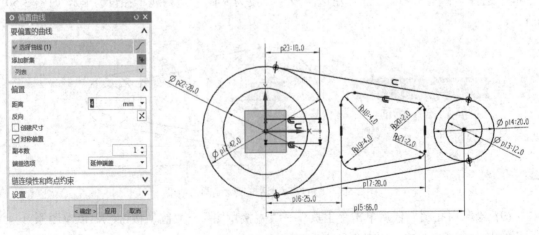

图 2-53　偏置辅助线

(12) 连接上步所作直线。依次单击"主页"→"直接草图"→"直线"按钮 ✎ ，连接上步偏置的直线右端，结果如图 2-54 所示。

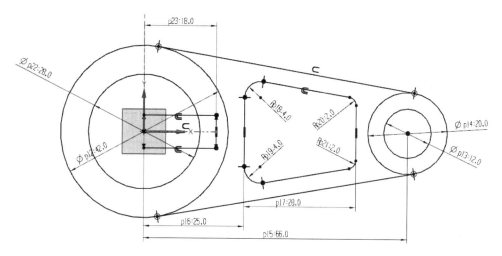

图 2-54 连接辅助线

(13) 修剪多余曲线。依次单击"主页"→"直接草图"→"快速修剪"按钮 ✂ ，修剪偏置曲线左端多余部分以及 φ28 圆右侧，结果如图 2-55 所示。

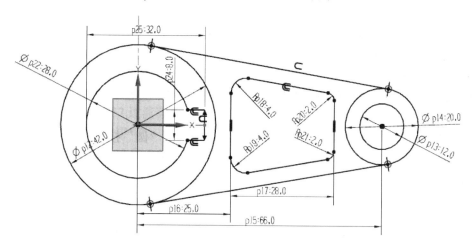

图 2-55 修剪完成

(14) 完成草图。检查图形无误后单击"完成草图"按钮 ▦ ，退出草图绘制环境。

2.4 任务 8：草图设计综合实例

草图综合实例

下面我们通过一个二维草图综合实例来巩固一下所学知识，草图尺寸如图 2-56 所示。绘制步骤如下：

结果如图 2-63 所示。

再单击"快速修剪"/×命令，修剪不大的圆和余圆弧, 如图 2-59 所。

(5) 绘制 R12 的过渡圆角。依次单击"主页"→"直接草图"→"圆角"按钮 ，在"圆角"对话框中选择"修剪"模式, 半径设置为 R12 绘制两两相切的圆弧和直线, 输入半径 12, 绘制出圆角, 结果如图 2-60 所示。

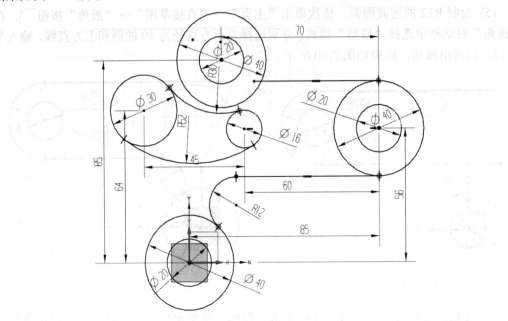

图 2-63　绘制同心圆

(9) 绘制 R15 的过渡圆角。依次单击"主页"→"直接草图"→"圆角"按钮 ，在"圆角"对话框中选择"修剪"模式, 分别选择上一步绘制 φ40 的圆和第(4)步绘制的直线来创建圆角, 半径设置为 R15, 结果如图 2-64 所示。

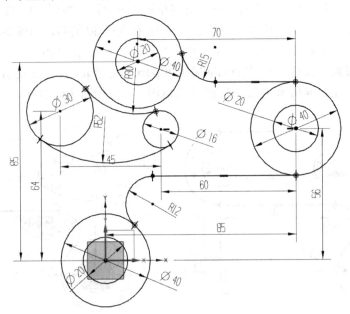

图 2-64　绘制圆角

(10) 绘制同心圆。依次单击"主页"→"直接草图"→"圆"按钮 ，再单击"圆心与半径画圆" 按钮, 在输入框输入圆心坐标为(X-65，Y80), 绘制出 φ50 和 φ24 的同心圆,结果如图 2-65 所示。

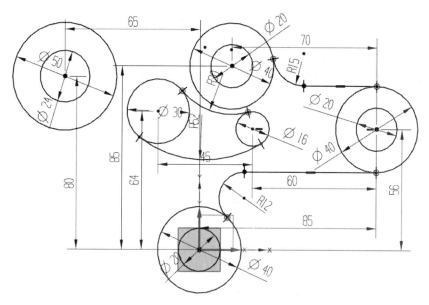

图 2-65 绘制同心圆

(11) 绘制直线。依次单击"主页"→"直接草图"→"直线"按钮 ✐，弹出"创建直线"对话框，绘制草图左上方的三条水平直线，绘制时自动捕捉切点或者使用"相切"约束使直线与圆相切，结果如图 2-66 所示。

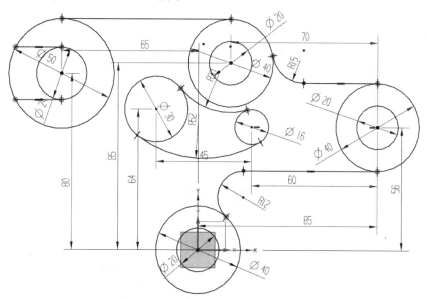

图 2-66 绘制直线

(12) 绘制 R70 的过渡圆弧。依次单击"主页"→"直接草图"→"圆角"按钮 ⌐，在"圆角"对话框中选择"修剪"模式，分别选择左上方 φ50 的圆和草图原点处 φ40 的圆，输入半径值 70，创建出圆角，结果如图 2-67 所示。

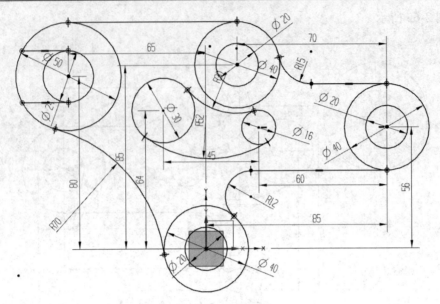

图 2-67　绘制圆弧

(13) 修剪多余线条。依次单击"主页"→"直接草图"→"快速修剪"按钮 ，选择图中多余的线条进行修剪，结果如图 2-68 所示。

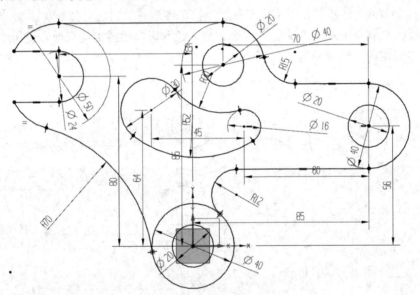

图 2-68　快速修剪

检查图形后单击"完成草图"按钮 ，退出草图绘制环境。

小　　结

三维造型生成之前需要绘制草图，草图绘制完成以后，可以使用拉伸、旋转或扫掠等命令生成实体造型，草图对象和拉伸、旋转或扫掠生成的实体造型相关，所以草图绘制是创建零件模型的基础部分。绘制草图时，首先按照自己的设计意图绘制出零件的粗略二维轮廓，然后利用草图的尺寸约束和几何约束功能，精确确定二维轮廓曲线的尺寸、形状和相互位置。当草图修改以后，实体造型也发生相应的变化。因此对于需要反复修改的实体造型，使用草图绘制功能可以使修改非常快捷方便。

练　习　题

一、简答题

1. 直接绘制草图和在草图任务环境下绘制有什么区别？
2. 基于平面绘制草图和基于路径绘制草图有什么不同？该如何选择？
3. 如何进行草图编辑？内部草图和外部草图的编辑操作有什么区别？

二、上机操作题

1. 绘制如图 2-69 所示草图。
2. 绘制如图 2-70 所示草图。

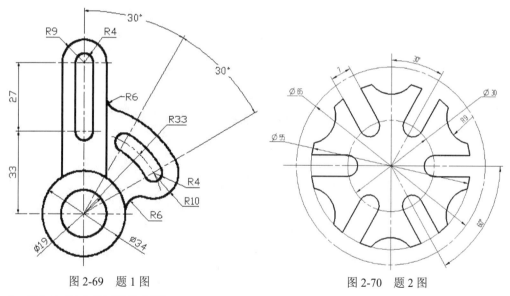

图 2-69　题 1 图　　　　　　　　　　　图 2-70　题 2 图

3. 绘制如图 2-71 所示草图。

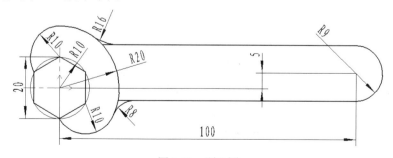

图 2-71　题 3 图

4. 绘制如图 2-72 所示的草图。

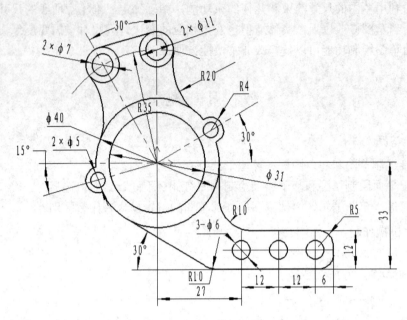

图 2-72　题 4 图

5. 绘制如图 2-73 所示的草图。

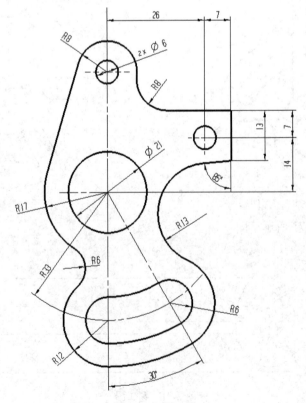

图 2-73　题 5 图

6. 绘制如图 2-74 所示的草图。

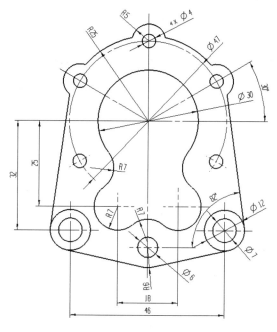

图 2-74　题 6 图

7. 绘制如图 2-75 所示的草图。

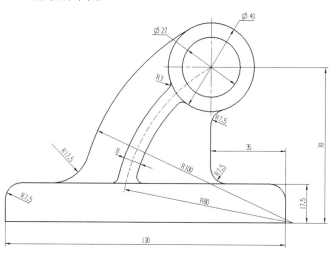

图 2-75　题 7 图

项目三　实体设计

学习目的

实体设计是建模设计的基础。通常一个实体零件是由一个或若干个特征组成的，可以利用参数化设计的方法，将零件模型中的所有特征创建完成，并进行必要的编辑，就实现了最基本的实体设计。UG NX 12.0 为用户提供了功能强大的"建模"模块，可以进行复杂零件的参数化设计，并可对零件进行编辑，从而获得更为准确细致的模型。通过对项目三 5 个任务的学习，可以了解并掌握零件设计的基本方法和一般流程，以及怎样进行编辑。

学习要点

(1) 基础毛坯件的创建——利用拉伸、旋转、扫掠等特征工具，将二维截面的轮廓曲线通过相应的方式来创建实体特征。

(2) 复杂模型的建立——在已有实体的基础上，创建孔特征、拔模、倒斜角、边倒圆、抽壳等设计特征。

(3) 基本体素特征的建立——创建长方体、圆柱体、圆锥体、球体等基本体素特征。

(4) 典型零件的创建——运用各种特征工具完成综合实体的建模过程。

思政目标

(1) 了解创新在智能制造中的重要作用，让学生深刻理解习近平总书记"关键核心技术必须牢牢掌握在我们自己手中"的重要指示精神，培养学生的创新意识。

(2) 采用大国工匠案例教学，帮助学生了解并体悟工匠精神，引导学生形成坚守执着、投身专业的坚定信心。

3.1　任务 9：基本体素特征的建立

3.1.1　体素特征的定义与分类

1. 体素特征的定义

体素特征是基本的解析形状，通常在设计初期创建体素特征作为模型毛坯。体素特征与点、矢量和曲线对象相关联，用于创建这些对象时定位它们。如果随后移动一个定位对象，则体素特征也将移动并相应地更新。

2. 体素特征的分类

常用的体素特征如下：

1) 长方体

通过定义拐角位置和尺寸创建长方体。创建类型有"原点和边长""原点和高度""两个对角点"三种，可根据建模时的具体情况进行选择。

2) 圆柱体

通过定义轴的位置和尺寸来创建圆柱体。创建类型有"轴、直径和高度""圆弧和高度"两种，可以根据具体情况选择一种类型。

3) 圆锥体

通过定义轴的位置和尺寸来创建圆锥或带锥度的圆台。创建类型有"直径和高度""直径和半角""底部直径，高度和半角""顶部直径，高度和半角""两个共轴的圆弧"五种。具体操作时，可以根据情况选择一种类型。

4) 球体

通过定义中心位置和尺寸创建球体。创建类型有"中心点和直径""圆弧"两种类型，具体操作时，可根据情况进行选择。

创建体素特征的基本步骤：首先选择希望创建的体素特征类型，可以是长方体、圆柱体、圆锥体或球体，再选择创建方法，最后输入尺寸值，就可以创建出理想的体素特征了。

3.1.2 体素特征创建实例

下面我们以图 3-1 为例，具体说明各种体素特征的创建方法。

基本体素的建立

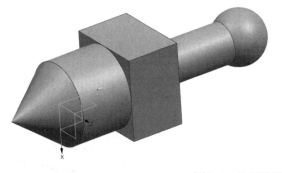

图 3-1　体素模型

具体操作步骤如下：

(1) 新建模型文件。选择下拉菜单"文件"→"新建"命令(或单击"新建"按钮)，系统弹出"新建"对话框，在"模型"选项卡的"模板"区域中选择模板类型为 **模型**，在"名称"文本框中输入文件名后，单击"确定"按钮，完成新文件的建立。

(2) 单击"菜单"下拉按钮，选择"插入"→"设计特征"→"圆锥"命令，或者单击"特征"选项卡中的"圆锥"按钮 🔺，弹出"圆锥"对话框，如图 3-2 所示；从该对话框的"类型"下拉列表中选择"直径和高度"，接着指定圆锥生成的矢量方向为 Y 轴负方向，指定圆柱底面中心点坐标为(0，0，0)，其他参数设置如图 3-2；单击"确定"按钮，完成一个圆锥体的创建，结果如图 3-3 所示。

💡 注意："圆锥"对话框的"类型"下拉列表中提供了五种创建圆锥的选项，每一种都需要设置轴线及相关尺寸参数，具体操作时可根据图纸已有尺寸信息选择合适的创建类型。

图 3-2　"圆锥"对话框及类型下拉列表

图 3-3　圆锥体创建结果

(3) 单击"菜单"下拉按钮，选择"插入"→"设计特征"→"圆柱"命令，或者单击"特征"选项卡中的"圆柱"按钮 🟦，弹出"圆柱"对话框，如图 3-4 所示；从该对话框的"类型"下拉列表中选择"轴、直径和高度"，指定圆柱生成的矢量方向为 Y 轴正方向，指定圆柱底面中心点坐标为(0，0，0)，其他参数设置如图 3-4 所示；单击"确定"按钮，完成一个圆柱体的创建，结果如图 3-5 所示。

图 3-4　"圆柱"对话框及类型下拉列表

图 3-5　圆柱体创建结果

(4) 单击"菜单"下拉按钮，选择"插入"→"设计特征"→"长方体"命令，或者单击"特征"选项卡中的"长方体"按钮 🟦，弹出"长方体"对话框，如图 3-6 所示；从该对话框的"类型"下拉列表中选择"原点和边长"，指定原点为(−30，40，−30)，直径和高度参数设置如图 3-6 所示；单击"确定"按钮，完成一个长方体的创建，结果如图 3-7 所示。

💡 **注意**：采用"原点和边长"这种创建类型，需要先指定原点位置，这里的原点位置指的是长方体的左下角点，并不是长方体底面的中心，创建时要考虑到这一点，避免输入的原点坐标有误。

图 3-6 "长方体"对话框及类型下拉列表　　　　图 3-7 长方体创建结果

(5) 单击"菜单"下拉按钮，选择"插入"→"设计特征"→"圆柱"命令，或者单击"特征"选项卡中的"圆柱"按钮 ，弹出"圆柱"对话框；在"类型"下拉列表中选择"轴、直径和高度"，指定圆柱生成的矢量方向为 Y 轴正方向，指定圆柱底面中心点坐标为(0，80，0)，直径和高度参数设置如图 3-8 所示，圆柱创建结果如图 3-9 所示。

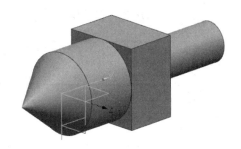

图 3-8 "圆柱"参数设置　　　　　　　图 3-9 圆柱创建结果

(6) 单击"菜单"下拉按钮，选择"插入"→"设计特征"→"球"命令，或者单击"特征"选项卡中的"球"按钮 ，弹出"球"对话框，如图 3-10 所示；从该对话框的"类型"下拉列表中选择"中心点和直径"，指定球体中心点坐标为(0，150，0)，其他参数设置如图 3-10 所示；单击"确定"按钮，完成一个球体的创建，结果如图 3-11 所示。

至此，模型创建完成。

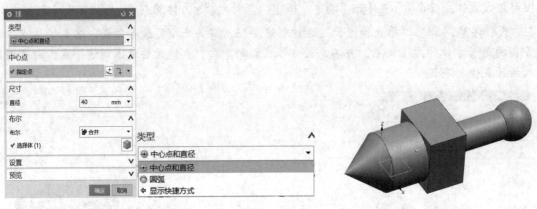

图 3-10 "球"对话框及类型下拉列表　　　　图 3-11 球体创建结果

3.2 任务 10：拉伸特征的建立

3.2.1 拉伸特征知识点

1. 相关概念

拉伸特征是将所选的截面曲线沿着指定的矢量方向拉伸，直到某一指定位置后所形成的实体。使用拉伸命令可创建实体或片体，可以选择曲线、边、面、草图或曲线特征的一部分作为截面并将它们延伸一段线性距离。拉伸命令是最常见的零件建模方法。

2. 参数设置

要创建拉伸特征，可以单击"主页"选项卡中"特征"功能区里的"拉伸"按钮，或者单击"菜单"下拉按钮，选择"插入"→"设计特征"→"拉伸"，系统会弹出"拉伸"对话框，各项参数设置如图 3-12 所示。

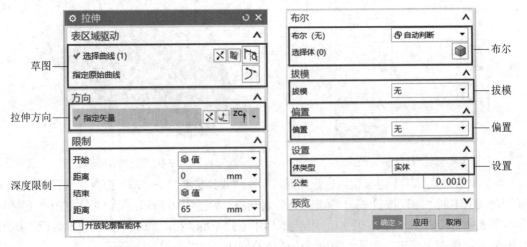

图 3-12 "拉伸"对话框中各项参数设置

对话框中各选项组的功能说明如下：

(1) 表区域驱动(截面)。该选项组用于草绘或者选择已有曲线作为拉伸截面。"曲线"按钮 按下时，可以在绘图区选择要拉伸的截面线条。如果没有可选的截面线，就单击"绘制截面"按钮 ，打开"新建草图"对话框，选好草绘平面和参考方向，就可直接绘制拉伸截面了。

(2) 方向。该选项组用来定义拉伸特征生成方向，一般默认是"自动判断的矢量"，即草绘平面的法向。也可以单击下拉列表中其他选项定义矢量方向。

(3) 限制。该选项组用来确定拉伸特征生成的起始位置和终止位置，可以直接输入具体数值，也可以选择指定的面。下拉列表中有多种方式，可根据实际情况选择。

(4) 布尔。该选项组用来指定生成的拉伸特征与绘图区其他特征的布尔计算。

(5) 拔模。该选项组用来指定拉伸特征的拔模设置，拔模角度可正可负。

(6) 偏置。该选项组用来指定拉伸截面的偏置参数，以得到特定的拉伸效果。

(7) 设置。该选项组用来指定拉伸的体类型是"实体"还是"片体"。

3.2.2 拉伸特征创建实例

下面我们以一个具体的实例来认识并掌握拉伸特征，实体尺寸如图 3-13 所示。

拉伸特征的建立

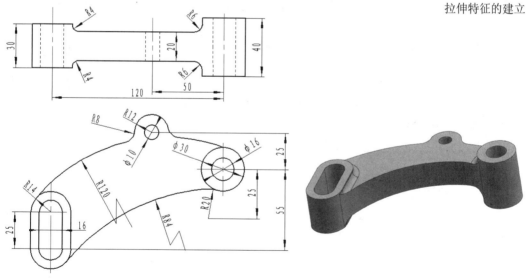

图 3-13　实体图

具体作图步骤如下：

1. 新建模型文件

单击"菜单"下拉按钮，选择"文件"→"新建"命令(或单击"新建"按钮)，系统弹出"新建"对话框；在"模型"选项卡的"模板"区域中选择模板类型为 模型，在"名称"文本框中输入文件名；单击"确定"按钮，完成新模型文件的建立。

2. 建立基本草图

单击"主页"→"草图"按钮 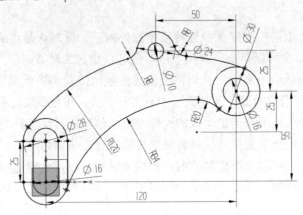，或者单击"菜单"下拉按钮，选择"插入"→"在任务环境中绘制草图"命令，选择 XC-YC 平面为草绘平面，绘制草图如图 3-14 所示。绘制完成后，单击"完成"按钮 退出草图绘制。

图 3-14　绘制基本草图

3. 创建基本拉伸体

(1) 单击"主页"选项卡中"特征"功能区里的"拉伸"按钮 ，系统弹出"拉伸"对话框；在上一步绘制的草图中选择要拉伸的截面曲线，在"限制"选项组中选择"对称值"，其他设置如图 3-15 所示；单击"确定"按钮，完成左侧拉伸体的创建，结果如图3-16 所示。

💡 注意：该对话框中的"限制"选项组里主要设置拉伸几何体的生成的起始位置和终止位置，也可以通过拖拽蓝色箭头动态调整生成方向和位置。当选择"对称值"时，特征会在草图所在平面的两侧对称进行拉伸，距离均分在两侧。

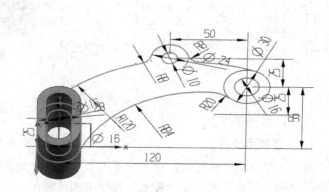

图 3-15　拉伸截面及相关设置

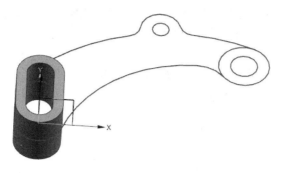

图 3-16 拉伸结果

(2) 单击"主页"选项卡中"特征"功能区里的"拉伸"按钮，系统弹出"拉伸"对话框；在上一步绘制的草图中选择要拉伸的截面曲线，其他设置如图 3-17 所示；布尔运算选择上一步创建的拉伸体进行求和，然后单击"确定"按钮，完成中间拉伸体的创建，结果如图 3-18 所示。

注意：此处选择截面曲线时，因草图曲线较多，拾取时需特别注意。另外，如果不习惯采用本书中这种做法(即一次性绘制一个方向所有草图曲线的做法)，也可以按照拉伸深度的不同，分别绘制各个拉伸特征。

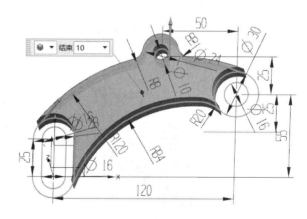

图 3-17 拉伸截面及相关设置

图 3-18 拉伸结果

(3) 单击"主页"选项卡中"特征"功能区里的"拉伸"按钮，弹出"拉伸"对话框；在上一步绘制的草图中选择要拉伸的截面曲线，在"距离"文本框中输入"20"，"布尔"选项组中选择"合并"选项，选择上一步创建的拉伸体进行求和，如图 3-19 所示；单击"确定"按钮，完成中间拉伸体的创建，结果如图 3-20 所示。

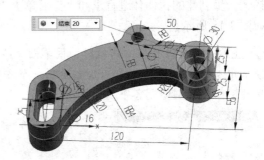

图 3-19　拉伸截面及相关设置

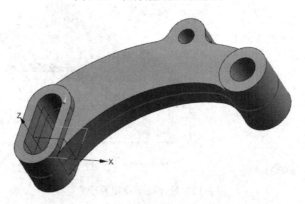

图 3-20　拉伸结果

4. 创建边倒圆

(1) 单击"主页"选项卡中"特征"功能区里的"边倒圆"按钮，弹出"边倒圆"对话框；在"半径 1"文本框中输入"4"，选择需要倒圆角的边，如图 3-21 所示；单击"确定"按钮，完成边倒圆，结果如图 3-22 所示。

💡 注意：倒圆角操作时，同一半径的圆角一次完成。如果还未作完其他半径的圆角，可以在"边倒圆"对话框中单击"应用"按钮，这样就不会退出"边倒圆"操作，可以继续选择其他边线进行操作。

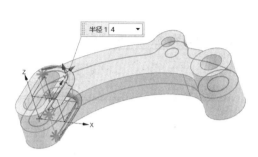

图 3-21 边倒圆及其设置

图 3-22 边倒圆结果

(2) 同理，创建另一侧的边倒圆，选择需要倒圆角的边，如图 3-23 所示。半径设置为 6，然后单击"确定"按钮，完成边倒圆，结果如图 3-24 所示。

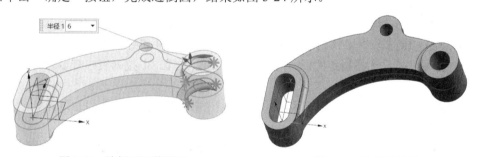

图 3-23 边倒圆及其设置　　　　　　图 3-24 边倒圆结果

至此，模型建立完成，单击快捷访问工具条中的"保存"按钮 ，保存该模型文件。

3.3 任务 11：旋转特征的建立

3.3.1 旋转特征知识点

1. 相关概念

旋转特征是建模中极为常见的命令。它是将截面曲线绕着指定的轴线旋转一定角度而形成的实体模型，比如带轮、法兰盘、轴等。该特征的创建方法和拉伸特征近似，最大的区别在于，创建旋转特征时，指定的矢量是旋转中心轴线，所设置的参数是旋转的起始角度和终止角度。

2. 参数设置

要创建旋转特征,可以依次单击"主页"选项卡中"特征"功能区里的"旋转"按钮,或者单击"菜单"下拉按钮,选择"插入"→"设计特征"→"旋转"命令,系统会弹出"旋转"对话框,如图 3-25 所示。

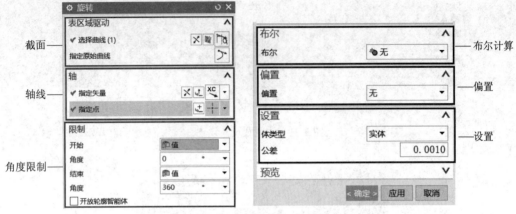

图 3-25 　"旋转"对话框

对话框中各选项组的功能说明如下:

(1) 表区域驱动。该选项组用于草绘或者选择已有曲线作为旋转截面。"曲线"按钮按下时可以在绘图区选择要旋转的截面线条。如果没有可用的截面线可选,就单击"绘制截面"按钮,打开"新建草图"对话框,选好草绘平面和参考方向,就可直接绘制旋转截面了。

(2) 轴。该选项组用来定义旋转特征的轴线,可以单击矢量构造器定义轴的矢量方向,单击"指定点"选择轴线起点。

(3) 限制。该选项组用来确定旋转特征生成的起始角度和终止角度,可以直接输入具体数值,也可以通过选择指定的面。确定起始和终止位置。下拉列表中有多种方式,可根据实际情况选择。

(4) 布尔。该选项组用来指定生成的旋转特征与绘图区其他特征的布尔计算,包括求和、求差、求交等。

(5) 偏置。该选项组用来指定旋转截面的偏置参数,可以用来创建薄壁型特征。

(6) 设置。该选项组用来指定旋转的体类型是"实体"还是"片体"。

3.3.2　旋转特征创建实例

下面我们创建一个如图 3-26 所示的皮带轮模型,通过这个实例学习如何创建旋转特征。

作图步骤如下:

(1) 新建模型文件。选择"菜单"下拉列表中的"文件"→"新建"命令(或单击"新建"按钮),弹出"新建"对话框;在"模型"选项卡的"模板"区域中选择模板类型为模型,在"名称"文本框中输入文件名后,单击"确定"按钮,完成新文件的建立。

图 3-26　皮带轮模型

(2) 建立基本草图。单击"主页"→"草图"按钮，或者单击"菜单"下拉列表，选择"插入"→"在任务环境中绘制草图"命令，选择 XC-YC 平面为草绘平面，绘制草图如图 3-27 所示，绘制完成后，单击"完成"按钮退出草图。

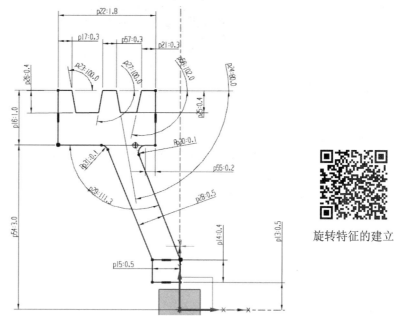

旋转特征的建立

图 3-27　绘制基本草图

(3) 单击"主页"选项卡中"特征"功能区里的"旋转"按钮，系统弹出"旋转"对话框，指定矢量(即旋转轴)为 X 轴正方向，指定点为草图原点，其他设置如图 3-28 所示，然后单击"确定"按钮，完成旋转，结果如图 3-29 所示。

图 3-28　旋转特征对话框及设置　　　　图 3-29　旋转结果

(4) 建立基本草图。依次单击"主页"→"草图"按钮，或者单击"菜单"下拉列表，选择"插入"→"在任务环境中绘制草图"命令，选择 YC-ZC 平面为草绘平面，绘制草图如图 3-30 所示。绘制完成后，单击"完成"按钮退出草图。

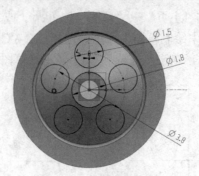

图 3-30　绘制基本草图

(5) 单击"主页"选项卡中"特征"功能区里的"拉伸"按钮，系统弹出"拉伸"对话框；在上一步绘制的草图中选择要拉伸的截面曲线，其他设置如图 3-31 所示；然后单击"确定"按钮，完成拉伸体的创建，如图 3-32 所示。

图 3-31　拉伸相关设置　　　　　　　　图 3-32　拉伸结果

至此，皮带轮模型创建完成，单击快捷访问工具条中的"保存"按钮 进行文件保存。

3.4　任务 12：扫掠体的建立

3.4.1　扫掠体知识点

扫掠是将一个截面图形沿着指定的引导线运动，从而创建出三维实体或片体的操作，引导线可以是直线、圆弧、样条等曲线。单击"主页"选项卡中"特征"功能区里的"更多"按钮，可以看到扫掠选项组；或者选择"菜单"→"插入"→"扫掠"命令，也可以看到"扫掠"选项组，其中提供了包括"扫掠""变化扫掠""沿引导线扫掠""管"等扫掠命令。下面分别介绍常见的四种扫掠命令。

1. 扫掠

1) 定义

使用"扫掠"命令可通过沿一条、两条或三条引导线串扫掠一个或多个截面，来创建实体或片体。

2) 操作步骤

使用"扫掠"命令前，需要提前绘制好截面曲线和引导线。然后单击"主页"选项卡中"特征"功能区里的"更多"按钮，在其中选择"扫掠"按钮，或者在菜单按钮中单击"插入"→"扫掠"→"扫掠"选项，系统弹出"扫掠"对话框，如图3-33所示；在绘图区中直接选取绘制好的截面和引导线，即可完成扫掠体的创建。

2. 变化扫掠

1) 定义

"变化扫掠"在扫掠引导线上定义多个截面，可以通过修改每个截面的尺寸参数，产生截面沿引导线变化的效果。

图 3-33 "扫掠"对话框

2) 操作步骤

(1) 单击"主页"选项卡中"特征"功能区里的"变化扫掠"按钮，或者单击"菜单"下拉按钮，选择"插入"→"扫掠"→"变化扫掠"命令，系统弹出"变化扫掠"对话框，如图3-34所示。

(2) 变化扫掠需要先选择引导线，选择之后，会弹出"创建草图"对话框，如图3-35所示；然后选择引导线的某个位置定义草图平面的位置、方位和方向后，单击"确定"按钮，进入草图绘制。

图 3-34 "变化扫掠"对话框

图 3-35 "创建草图"对话框

(3) 草图绘制完成后，系统返回"变化扫掠"对话框，此时的扫掠体截面没有变化，如果要创建变化扫掠，需要在"辅助截面"选项组中单击"添加新集"，如图3-36所示。

在这里可以通过设置"弧长百分比"等方式设置截面位置，在对话框的"设置"选项组中勾选"显示草图尺寸"复选框，如图 3-37 所示，各截面的尺寸都会显示出来，双击尺寸即可修改，从而创建出变化的扫掠。

图 3-36 "辅助截面"选项组

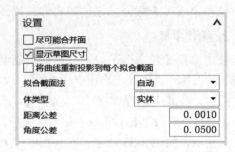

图 3-37 "设置"选项组

3. 沿引导线扫掠

1) 定义

沿引导线扫掠是沿着一定的引导线进行扫描拉伸，将实体表面、实体边缘、曲线或链接曲线生成实体或片体。该方式与"扫掠"命令类似，不同之处在于该方式可以设置截面图形的偏置参数，从而创建出管形的扫掠体，并且扫掠生成的实体截面形状与引导线相应位置法向平面的截面曲线的形状相同。

2) 操作步骤

单击"主页"选项卡中"特征"功能区里的"更多"按钮，在其中选择"沿引导线扫掠"按钮，或者单击"菜单"下拉按钮，选择"插入"→"扫掠"→"沿引导线扫掠"命令，弹出"沿引导线扫掠"对话框，如图3-38 所示。

图 3-38 "沿引导线扫掠"对话框

4. 管

1) 定义

"管"是一种特殊类型的扫掠，相当于以两个同心圆轮廓作为扫掠截面，因此使用管道只能创建圆形管。

2) 操作步骤

单击"主页"选项卡中"特征"功能区里的"更多"按钮，在其中选择"管"按钮，或者单击"菜单"下拉按钮，选择"插入"→"扫掠"→"管"命令，弹出"管"对话框，如图 3-39 所示。对话框中只需要选择曲线(相当于其他扫掠特征的引导线)，而扫掠截面是由外径和内径的尺寸决定，这里也可以创建实心的管，只需将内径设置为 0 即可。

图 3-39 "管"对话框

3.4.2 扫掠体特征创建实例

下面我们通过如图 3-40 的实例来具体认识和领会如何创建扫掠实体特征。

扫掠特征的建立

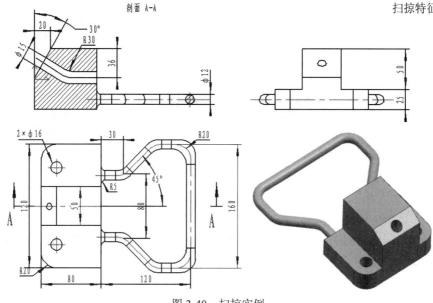

图 3-40 扫掠实例

作图步骤如下:

(1) 新建模型文件。单击"菜单"下拉按钮,选择"文件"→"新建"命令(或单击"新建"按钮),弹出"新建"对话框;在"模型"选项卡的"模板"区域中选择模板类型为 模型,在"名称"文本框中输入文件名后,单击"确定"按钮,完成新文件的建立。

(2) 建立基本草图。单击选项卡"主页"→"草图"按钮 ,或者单击"菜单"下拉列表,选择"插入"→"在任务环境中绘制草图",选择 XC-YC 平面为草绘平面,绘制草图如图 3-41 所示。绘制完成后,单击"完成"按钮 退出草图。

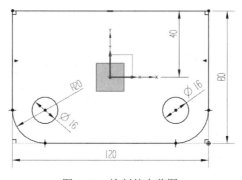

图 3-41 绘制基本草图

(3) 建立底板。单击"主页"选项卡中"特征"功能区里的"拉伸"按钮 ,弹出"拉伸"对话框;在上一步绘制的草图中选择要拉伸的截面曲线,"距离"文本框中输入"12.5",其他设置如图 3-42 所示;然后单击"确定"按钮,完成拉伸体的创建,结果如图 3-43 所示。

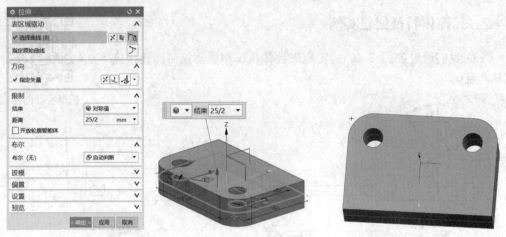

图 3-42 "拉伸"对话框及相关设置   图 3-43 拉伸结果

(4) 绘制扫掠截面。依次单击"主页"→"草图"按钮 ，或者单击"菜单"下拉列表，选择"插入"→"在任务环境中绘制草图"命令，选择如图 3-44 所示平面为草绘平面，绘制草图如图 3-45 所示。绘制完成后，单击"完成"按钮 退出草图。

💡 **注意**：扫掠的截面可以是单段或者多段曲线，可以是绘制的草图曲线，也可以是实体或片体的某个边。

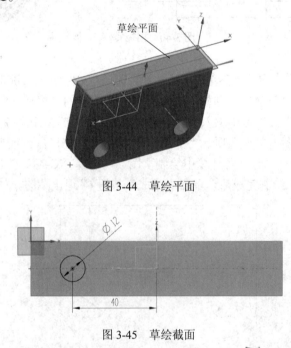

图 3-44 草绘平面

图 3-45 草绘截面

(5) 绘制扫掠引导线。依次单击"主页"→"草图"按钮 ，或者单击"菜单"下拉列表，选择"插入"→"在任务环境中绘制草图"命令，依然选择 XC-YC 平面为草绘平面，绘制草图如图 3-46 所示。绘制完成后单击"完成"按钮 退出草图。

💡 **注意**：扫掠的引导线必须是连续且相切的曲线，可以选择绘制的草图曲线，也可以选择样条曲线、实体的边缘线或者片体的边缘线，系统规定最多可以添加 3 条引导线。

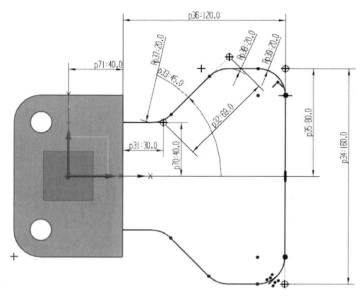

图 3-46　绘制基本草图

(6) 单击"主页"选项卡中"特征"功能区里的"扫掠"按钮，系统弹出"扫掠"对话框，如图 3-47 所示；在绘图区选择第(4)步创建的草图曲线为截面，再选择第(5)步创建的草图曲线为引导线；然后单击"确定"按钮，完成扫掠，结果如图 3-48 所示。

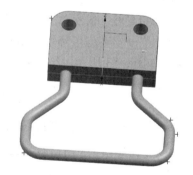

图 3-47　扫掠及相关设置　　　　　　图 3-48　扫掠结果

(7) 单击"主页"选项卡中"特征"功能区里的"拉伸"按钮，弹出"拉伸"对话框；选择底板上表面作为草绘平面，绘制一个 50×80 的矩形作为截面曲线，"距离"文本框中输入"50"，其他设置如图 3-49 所示；然后单击"确定"按钮，完成拉伸体的创建，如图 3-50 所示。

(8) 单击"主页"选项卡中"特征"功能区里的"倒斜角"按钮，弹出"倒斜角"对话框，选择上一步拉伸件的左上边线，其他设置如图 3-51 所示，然后单击"确定"按钮，完成倒斜角的创建，如图 3-52 所示。

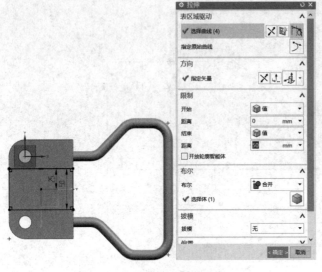

图 3-49 拉伸截面及相关设置   图 3-50 拉伸结果

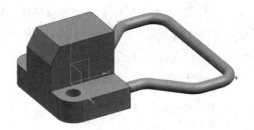

图 3-51 倒斜角相关设置   图 3-52 倒斜角结果

(9) 绘制扫掠引导线。依次单击"主页"→"草图"按钮 ，或者单击"菜单"下拉列表，选择"插入"→"在任务环境中绘制草图"命令，选择 YC-ZC 平面如图平面为草绘平面，绘制草图如图 3-53 所示。绘制完成后，单击"完成"按钮 退出草图。

(10) 绘制扫掠截面。依次单击"主页"→"草图"按钮 ，或者单击"菜单"下拉列表，选择"插入"→"在任务环境中绘制草图"命令，选择如图 3-54 所示平面(倒斜角面)为草绘平面，绘制ϕ16 的圆，绘制完成后，单击"完成"按钮 退出草图。

💡 注意：此处在绘制ϕ16 的圆截面确定圆的圆心时，一定要注意捕捉上一步绘制的引导线端点作为圆心。

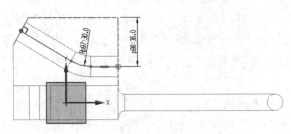

图 3-53 绘制引导线

图 3-54 绘制扫掠截面

(11) 单击"主页"选项卡中"特征"功能区里的"更多"按钮，在其中选择"沿引导线扫掠"按钮 ，或者单击"菜单"下拉列表，选择"插入"→"扫掠"→"沿引导线扫掠"命令，系统弹出"沿引导线扫掠"对话框；选择第(10)步创建的草图曲线为截面，选择第(9)步创建的草图曲线为引导线，其他设置如图3-55所示；然后单击"确定"按钮，完成扫掠特征，结果如图3-56所示。

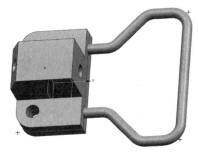

图3-55 "沿引导线扫掠"对话框 图3-56 扫掠结果

💡 **注意**：如果此处使用的是"扫掠"命令，"扫掠"对话框中没有布尔计算的选项，那么创建之后，在实体上就看不出布尔减去效果。要利用布尔运算按钮进行减去，才能看到扫掠孔，所以这里选择"沿引导线扫掠"命令更为简便快捷。

(12) 单击"主页"选项卡中"特征"功能区里的"合并"按钮，弹出"合并"对话框，目标体选择左边拉伸体，工具体选择第(6)步完成的扫掠体，设置如图3-57所示，然后单击"确定"按钮，完成布尔合并。

(13) 单击"主页"选项卡中"特征"功能区里的"边倒圆"按钮，弹出"边倒圆"对话框；选择第(1)步拉伸体和第(6)步扫掠体的交线作为倒圆角的边线，"半径"文本框中输入"5"，其他设置如图3-58所示；然后单击"确定"按钮，完成拉伸体上方圆角的建立。

图3-57 "合并"对话框 图3-58 "倒圆角"对话框

　　至此，该模型创建完成，结果如图 3-59 所示。单击快捷访问工具条中的"保存"按钮 ￼ 进行文件保存。

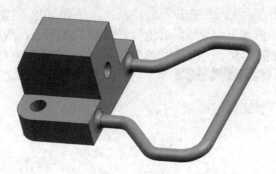

图 3-59　倒圆角结果

3.5　任务 13：圆角、倒角及孔特征的建立

3.5.1　工程特征知识点

1. 倒斜角 ￼

1) 相关说明

　　倒斜角又称边倒角，是指对面之间的锐边进行倒斜角处理，是一种常见的工程特征。使用倒斜角命令可斜接一个或多个体的边。

2) 操作方法

　　选择"菜单"→"插入"→"细节特征"→"倒斜角"命令，或者单击"主页"选项卡中"特征"功能区里的"倒斜角"按钮，弹出"倒斜角"对话框，可以在该对话框中进行相关设置。

3) 定义方式

　　倒斜角的横截面设置方式有 3 种：

(1) 对称：给定一个对称偏置距离，如图 3-60 所示。

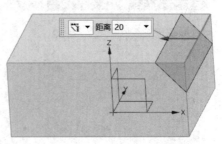

图 3-60　对称偏置方式

(2) 非对称：给定两个偏置距离，如图 3-61 所示。

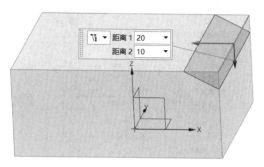

图 3-61　非对称偏置方式

(3) 偏置和角度：给定一个偏置距离和一个偏置角度，如图 3-62 所示。

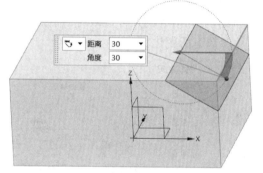

图 3-62　偏置和角度设置方式

2. 孔

1) 相关说明

孔特征是所有加工特征中最常用的特征。UG NX 12.0 软件中可以创建多种类型的孔，包括常规孔、钻形孔、螺钉间隙孔、螺纹孔、孔系列，这些孔类型又包含多种成形形状，如沉头、埋头、锥形等。

2) 操作方法

选择"主菜单"→"插入"→"设计特征"→"孔"命令，或者单击"主页"选项卡中"特征"功能区里的"孔"按钮，弹出"孔"对话框，如图 3-63 所示。可以在该对话框中进行相关设置。

孔特征创建的一般步骤是：

(1) 指定孔的类型。

(2) 指定孔在实体上的具体位置(或选取或直接绘制)，包括孔的放置平面。

(3) 指定孔的形状及尺寸。

(4) 设置孔的其他参数(如布尔运算)和打通方向。

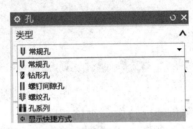

图 3-63　"孔"对话框及孔类型下拉列表

3) 不同类型孔的定义方式

(1) 常规孔。常规孔的尺寸参数对话框及类型下拉列表如图 3-64 所示。根据所选类型不同，尺寸参数有所变化。

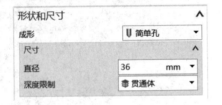
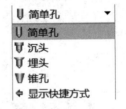

图 3-64　常规孔对话框及孔类型下拉列表

(2) 钻形孔。钻形孔是钻床加工孔的模型，"形状和尺寸"选项组如图 3-65 所示。

(3) 螺纹间隙孔。螺纹间隙孔的形状包括简单孔、沉头和埋头，和常规孔相同。需要注意的是，螺纹间隙孔是与螺纹配合的孔，尺寸总是大于与它配合的螺钉尺寸，如图 3-66 所示。

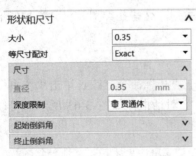

图 3-65　钻形孔尺寸参数　　　　　　　　图 3-66　螺纹间隙孔尺寸参数

(4) 螺纹孔。螺纹孔是表面含有螺纹的孔，具体尺寸参数如图 3-67 所示。

(5) 孔系列。孔系列是在多个相连实体上创建的配合孔，规格参数设置如图 3-68 所示。可以在"起始""中间""端点"三个选项卡中分别设置各个孔的参数，相当于同时创建了多个孔。

图 3-67　螺纹孔尺寸参数

图 3-68　孔系列尺寸参数

3. 边倒圆

使用边倒圆命令可在两个面之间锐边进行倒圆处理。倒圆角的半径可以是恒定的，也可以是可变的。选择"主菜单"→"插入"→"细节特征"→"边倒圆"命令，或者单击"主页"选项卡中"特征"功能区里的"边倒圆"按钮，系统弹出"边倒圆"对话框，可以在该对话框中进行相关设置。

3.5.2　工程特征创建实例

以上 3 个特征都是十分常见的，操作起来也相对简单，下面我们通过如图 3-69 综合实例，具体认识和领会它们的创建方法。

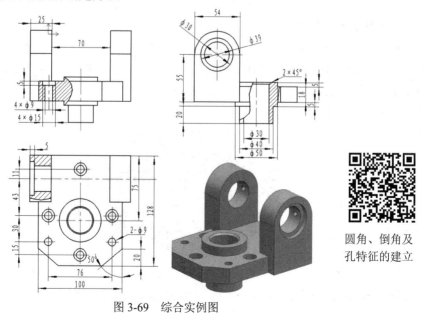

圆角、倒角及孔特征的建立

图 3-69　综合实例图

作图步骤如下：

1. 新建模型文件

选择下拉菜单"文件"→"新建"命令(或单击"新建"按钮)，弹出"新建"对话框；在"模型"选项卡的"模板"区域中选择模板类型为 模型，在"名称"文本框中输入文件名；单击"确定"按钮，完成新文件的建立。

2. 建立基本草图

单击"主页"→"草图"按钮 ，或者单击"菜单"下拉列表，选择"插入"→"在任务环境中绘制草图"命令，选择 XC-YC 平面为草绘平面，绘制草图如图 3-70 所示。绘制完成后，单击"完成"按钮 退出草图。

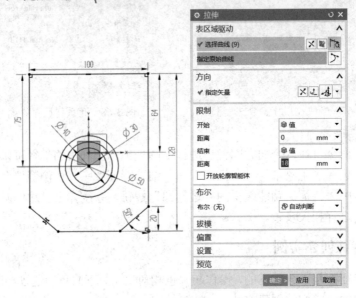

图 3-70　拉伸截面及相关设置图

3. 创建基本拉伸体

(1) 单击"主页"选项卡中"特征"功能区里的"拉伸"按钮 ，弹出"拉伸"对话框；在上一步绘制的草图中选择要拉伸的截面曲线，"距离"文本框中输入"18"；单击"确定"按钮，完成拉伸体的创建，如图 3-71 所示。

图 3-71　拉伸结果

(2) 建立侧面拉伸体。单击"主页"选项卡中"特征"功能区里的"拉伸"按钮 ，弹出"拉伸"对话框；选择如图 3-72 所示平面为草绘平面，绘制 54×82 的矩形，其他设置如图 3-72 所示(注意布尔计算选择为"无")；单击"确定"按钮，完成拉伸体的创建，结果如图 3-73 所示。

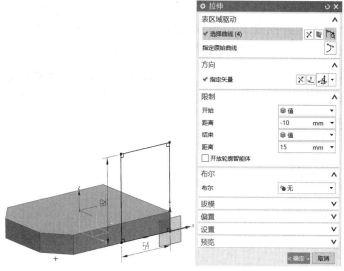

图 3-72　拉伸截面及相关设置

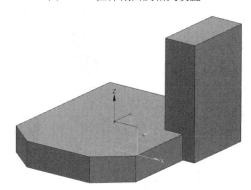

图 3-73　拉伸结果

（4）单击"主页"选项卡中"特征"功能区里的"边倒圆"按钮 ，弹出"边倒圆"对话框；选择要倒圆角的边线，"半径"文本框中输入"27"，其他设置如图 3-74 所示；单击"确定"按钮，完成拉伸体上方完全圆角的创建，结果如图 3-75 所示。

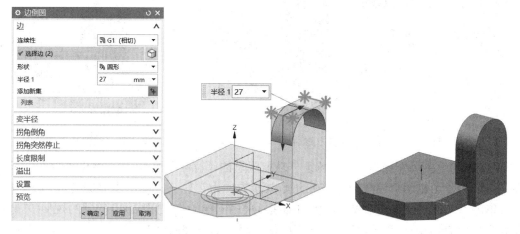

图 3-74　"边倒圆"对话框及相关设置　　　　　　　　图 3-75　倒圆角结果

(5) 单击"主页"选项卡中"特征"功能区里的"孔"按钮，弹出"孔"对话框；指定孔的位置，其余参数按照图 3-76 设置，选择上一步创建的拉伸体，进行布尔"减去"；单击"确定"按钮，完成孔的创建，结果如图 3-77 所示。

💡 注意：这里沉头孔的定位是圆弧面的同轴位置，选择时可将鼠标放在圆弧面上，当圆弧中心出现时确认选取就可以了，这种方式用来作同轴孔十分简便。

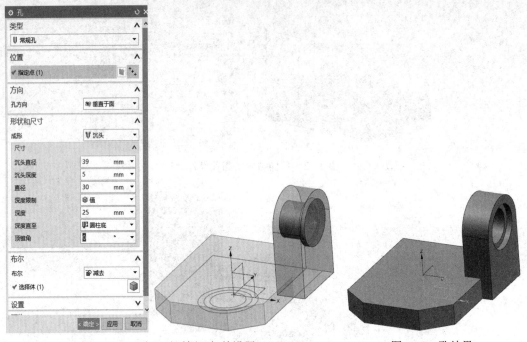

图 3-76　"孔"对话框及相关设置　　　　　　图 3-77　孔结果

(6) 单击"主页"选项卡中"特征"功能区里的"镜像几何体"按钮，弹出"镜像几何体"对话框；几何体选择已经完成台阶孔及倒圆角的立板，镜像平面选择 YC-ZC 平面，设置如图 3-78 所示；单击"确定"按钮，完成镜像几何体，结果如图 3-79 所示。

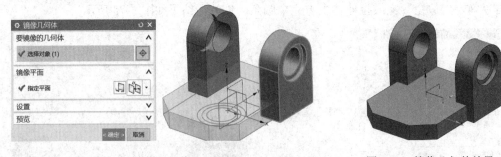

图 3-78　"镜像几何体"对话框　　　　　　图 3-79　镜像几何体结果

(7) 单击"主页"选项卡中"特征"功能区里的"拉伸"按钮，弹出"拉伸"对话框；在第(1)步绘制的草图中选择 ϕ50 的圆(矢量方向为 Z 轴正方向)，其他设置如图 3-80 所示；单击"确定"按钮，完成拉伸体的创建。采用同样的方法完成 ϕ40 的圆的拉伸(矢量方向为 Z 轴负方向)，其他设置如图 3-81 所示，最终结果如图 3-82 所示。

图 3-80 φ50 圆拉伸对话框

图 3-81 φ40 圆拉伸对话框

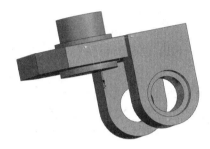

图 3-82 拉伸结果

(8) 单击"主页"选项卡中"特征"功能区里的"拉伸"按钮，弹出"拉伸"对话框；在第(1)步绘制的草图中选择φ30 的圆(矢量方向为 Z 轴正方向)，其他设置如图 3-83 所示；单击"确定"按钮，完成拉伸体的创建，结果如图 3-84 所示。

图 3-83 "拉伸"对话框

图 3-84 拉伸结果

(9) 单击"主页"选项卡中"特征"功能区里的"倒斜角"按钮，系统弹出"倒斜角"对话框；其他设置如图 3-85 所示；单击"确定"按钮，完成倒斜角，结果如图 3-86 所示。

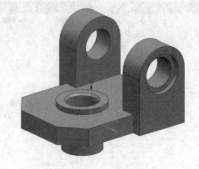

图 3-85　"倒斜角"对话框　　　　　　图 3-86　倒斜角结果

(10) 创建简单孔。单击"主页"选项卡中"特征"功能区里的"孔"按钮 ◙，系统弹出"孔"对话框，如图 3-87 所示；在该对话框的"位置"区域中单击"绘制截面"按钮 ▦，弹出"创建草图"对话框，如图 3-88 所示；指定底板上表面为草绘平面，草绘各个通孔的位置，如图 3-89 所示；其余参数按照图 3-87 所示进行设置，选择上一步创建的拉伸体，进行布尔减去；单击"确定"按钮，完成两个简单孔的创建，结果如图 3-90 所示。

图 3-87　"孔"对话框

图 3-88　"创建草图"对话框

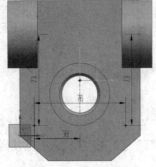

图 3-89　通孔位置的草绘

图 3-90　简单孔结果

(11) 创建沉头孔。单击"主页"选项卡中"特征"功能区里的"孔"按钮，弹出"孔"对话框，如图 3-91 所示；在该对话框的"位置"区域中单击"绘制截面"按钮，指定底板上表面为草绘平面，草绘各个沉头孔的位置，如图 3-92 所示，其余参数按照图 3-91 所示进行设置；选择上一步创建的拉伸体，进行布尔减去；单击"确定"按钮，完成四个沉头孔的创建，结果如图 3-93 所示。

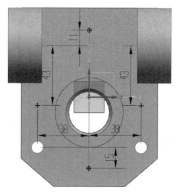

图 3-91 "孔"对话框 图 3-92 沉头孔位置的草绘 图 3-93 沉头孔结果

(12) 单击"主页"选项卡中"特征"功能区里的"合并"按钮，弹出"合并"对话框；目标体选择底板，工具体选择两个立板，设置如图 3-94 所示；单击"确定"按钮，完成布尔合并。

至此，该模型创建完成，结果如图 3-95 所示。单击快捷访问工具条中的"保存"按钮，保存该模型文件。

图 3-94 合并及相关设置 图 3-95 合并结果

3.6　任务 14：拔模特征的建立

拔模是主要针对塑料件来讲的。在塑料件脱模时，塑料很容易被模具拉伤，产生划痕或撕裂痕，因此，塑料件需要设置模具脱模角，即所谓的"拔模"。单击"菜单"下拉按钮，选择"插入"→"细节特征"→"拔模"命令，或者单击工具栏中的"拔模" 按钮，弹出"拔模"对话框，如图 3-96 所示。

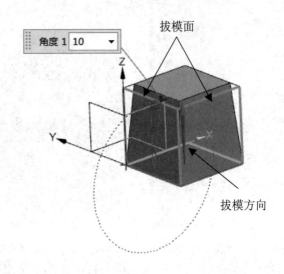

图 3-96　"拔模"对话框及相关设置

各选项含义如下。

(1) 脱模方向：选取拔模的方向，此方向便于模具顺利脱模。

(2) 拔模参考：选取拔模固定面，即拔模面在此面处开始执行拔模，此面在拔模前后大小不变。

(3) 要拔模的面：选取需要倾斜的面后输入拔模角度，角度可正可负。

3.7　任务 15：抽壳特征的建立

3.7.1　抽壳特征知识点

抽壳特征是指从指定的平面向下移除一部分材料而形成的、具有一定厚度的薄壁体。它常用于将成形的实体内部材料去除，成为带有一定厚度的壳体。单击"主页"选项卡中"特征"功能区里的"抽壳"按钮 ，或者选择"菜单"→"插入"→"偏置/缩放"→"抽壳"命令，系统弹出"抽壳"对话框，其中提供了两种抽壳方式。

1. 移除面，然后抽壳

该方式是选择实体的一个面为开口面，其他面通过设置厚度参数形成具有一定壁厚的腔体。选择"类型"面板中的"移除面，然后抽壳"选项，并选取实体中的一个面为移除面，然后给定壳体厚度即可。

2. 对所有面抽壳

该方式是按照某个指定的厚度对整个实体进行抽空，创建一个中空结构。选择"类型"面板中的"对所有面抽壳"选项，然后设置厚度即可。与第一种方式的区别在于，对所有面抽壳不用选择移除面，只需选择实体特征。

3.7.2 抽壳特征创建实例

使用抽壳命令可挖空实体，也可以对个别面指派个体厚度或移除个体面。抽壳特征在建模中使用频率较高，操作起来灵活简单，常用于将成形的实体零件内部掏空，使零件变为薄壁结构，从而大大节省了材料。下面我们通过如图 3-97 所示的综合实例，具体认识和领会它的创建方法。

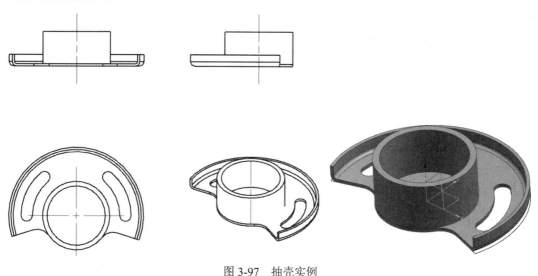

图 3-97 抽壳实例

作图步骤如下：

1. 新建模型文件

选择下拉菜单"文件"→"新建"命令(或单击"新建"按钮)，弹出"新建"对话框；在"模型"选项卡的"模板"区域中选择模板类型为 ![] 模型，在"名称"文本框中输入文件名后，单击"确定"按钮，完成新文件的建立。

2. 建立基本草图

单击"主页"→"草图"按钮 ，或者单击"菜单"下拉列表，选择"插入"→"在任务环境中绘制草图"命令，选择 XC-YC 平面为草绘平面，绘制草图如图 3-98 所示。绘制完成后，单击"完成"按钮 退出草图。

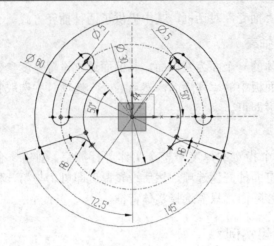

抽壳特征的建立

图 3-98　绘制草图

3. 创建基本拉伸体

(1) 单击"主页"选项卡中"特征"功能区里的"拉伸"按钮，弹出"拉伸"对话框；在上一步绘制的草图中选择要拉伸的截面曲线，其他设置如图 3-99 所示；单击"确定"按钮，完成拉伸体的创建。

图 3-99　拉伸设置及拉伸结果

(2) 单击"主页"选项卡中"特征"功能区里的"拉伸"按钮，弹出"拉伸"对话框；在上一步绘制的草图中选择中心 ϕ30 的圆作为要拉伸的截面曲线，其他设置如图 3-100 所示；单击"确定"按钮，完成拉伸体的创建。

图 3-100 拉伸设置及拉伸结果

4. 拉伸体边缘圆角的建立

单击"主页"选项卡中"特征"功能区里的"边倒圆"按钮 ▣，弹出"边倒圆"对话框；在实体中选择要倒圆角的边线，"半径"文本框中输入"2"，其他设置如图 3-101 所示；单击"确定"按钮，完成拉伸体边缘圆角的建立。

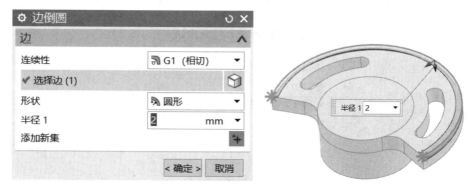

图 3-101 "边倒圆"对话框及倒圆角结果

5. 抽壳

(1) 单击"主页"选项卡中"特征"功能区里的"抽壳"按钮，弹出"抽壳"对话框；选择上表面、两个槽的侧面共计 9 个面作为移除面，在备选厚度中选择前面 5 个圆弧面，其他设置如图 3-102 所示；单击"确定"按钮，完成抽壳，结果如图 3-103 所示。

💡 **注意**：抽壳操作时，如果需要移除的面较多，操作中难免会有选错的情况，这时可按住键盘上的 Shift 键，再选择按错的位置面即可取消选择。

图 3-102　"抽壳"对话框

图 3-103　抽壳结果

（2）单击"主页"选项卡中"特征"功能区里的"抽壳"按钮，弹出"抽壳"对话框；选择圆柱体上表面为要移除的面，设置如图 3-104 所示；单击"确定"按钮，完成抽壳，结果如图 3-105 所示。

图 3-104　"抽壳"对话框

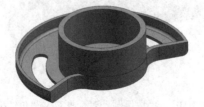

图 3-105　抽壳结果

至此，该模型创建完成。单击快捷访问工具条中的"保存"按钮![save]，保存该模型文件。

💡 **注意**："抽壳"对话框中的"备选厚度"选项区是用于设置不同厚度的，使用时，可以选择实体的不同位置面进行不同的厚度抽壳，且利用"添加新集"可以设置多个不同厚度，十分灵活方便。

小　　结

项目三通过 10 个任务介绍了 UG NX 12.0 零件设计中基于特征的建模过程，并介绍了常用的各种特征的创建方法。读者通过各个任务的训练，可以了解实体建模中各种特征的创建方法和一般创建流程：任何复杂的零件都是利用拉伸、旋转等设计特征建立毛坯，然后在毛坯上添加孔、筋板、拔模等细节特征，从而细化零件设计。

1. 部件导航器

特征建模是将特征添加到模型中创建设计的过程。添加的特征在部件导航器中列出。通常是从基准特征开始设计，如基准坐标系和基准平面。它们可用于定位其他特征，如草图。在历史记录模式下工作，用户创建特征时，NX 软件会保持它们之间的关联。例如，在创建草图并旋转它时，软件会保持从草图到旋转特征的关联。要查看特征的父子关系，在部件导航器中选择特征。

部件导航器以详细的图形树的形式显示部件的各个方面。可以使用部件导航器执行以下操作：

(1) 更新并了解部件的基本结构。

(2) 选择和编辑树中各项的参数。

(3) 排列部件的组织方式。

(4) 在树中显示特征、模型视图、图纸、用户表达式、引用集和未用项。

2. 体素

体素特征是基本的解析形状：块、圆柱、圆锥和球。体素与点、矢量和曲线对象相关联，用于创建这些对象时定位它们。如果随后移动一个定位对象，则体素特征也将移动并相应地更新。

3. 布尔选项

如果实体已存在，则可指定某一布尔选项。只有当用户已经在部件上创建了多个实体，并且想将这些实体结合起来的时候，才会需要布尔选项。另一方面，当使用各种特征选项来创建特征时，布尔运算要么是隐式的(例如，使用孔和腔体时)，要么是在特征创建结束时指定，就像使用拉伸体和体素(如圆柱和块)。

练　习　题

1. 完成如图 3-106 所示的实体模型。

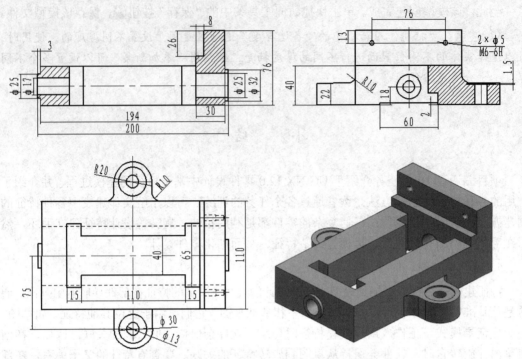

图 3-106　题 1 图

2. 完成如图 3-107 所示的实体模型。

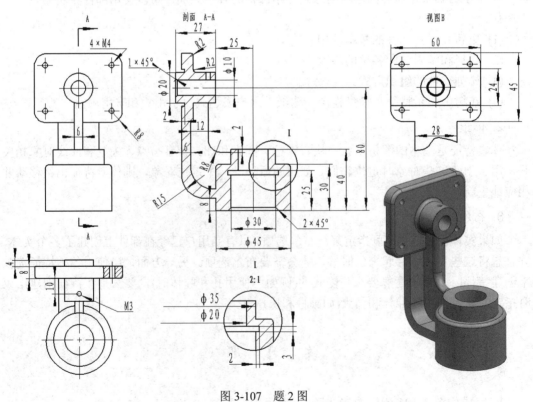

图 3-107　题 2 图

3. 完成如图 3-108 所示的实体模型。

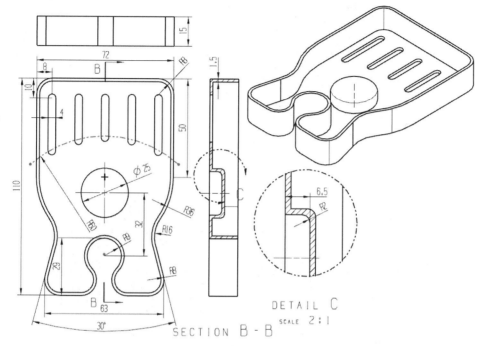

图 3-108 题 3 图

4. 完成如图 3-109 所示的实体模型。

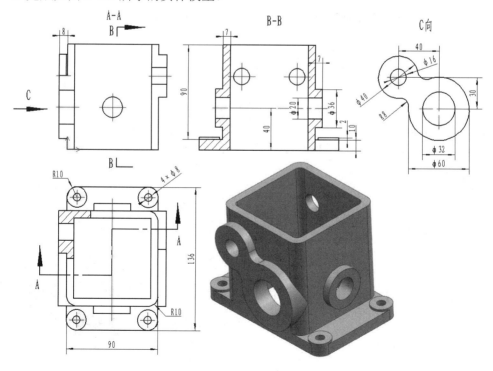

图 3-109 题 4 图

5. 完成如图 3-110 所示的实体模型。

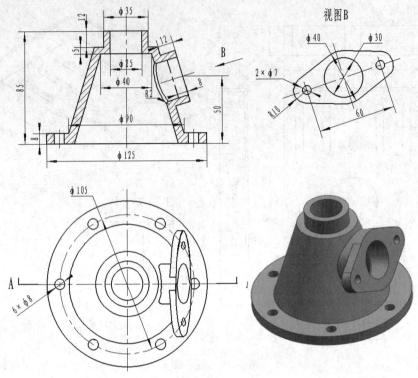

图 3-110　题 5 图

6. 完成如图 3-111 所示的实体模型。

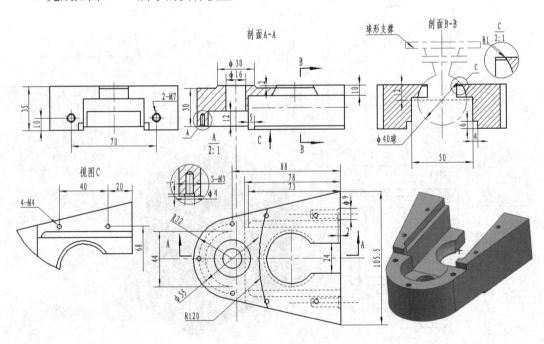

图 3-111　题 6 图

7. 完成如图 3-112 所示的实体模型。

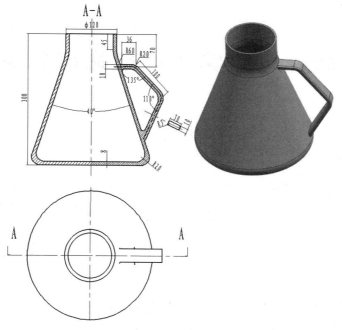

图 3-112   题 7 图

8. 完成如图 3-113 所示的实体模型。

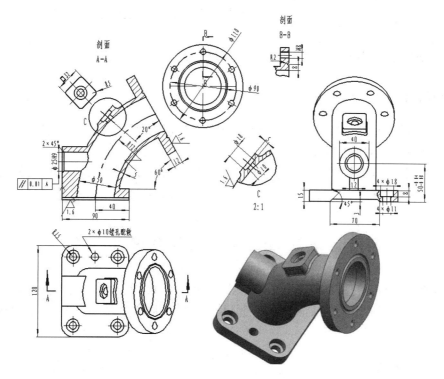

图 3-113   题 8 图

项目四　三维实体特征的编辑及操作

 学习目的

在设计过程中，仅仅采用基本的实体建模命令往往不够，还需要对特征进行相关的特征编辑操作才能达到要求。本项目主要讲解特征的编辑和操作方法，以便进一步对实体进行操控。

 学习要点

(1) 布尔实体的运算：通过对两个以上的物体进行并集、差集、交集运算，从而得到新实体特征，用于处理实体造型中多个实体的合并关系。

(2) 同步建模：通过对面进行移动、偏置、替换等操作，而不考虑模型的原点、关联性或特征历史记录，具体有创建面倒圆、移动面、替换面、删除面和偏置区域等命令。

(3) 特征复制与阵列：把一个特征复制为另一个或多个相同(或近似)尺寸的特征，完成快速设计。

(4) 特征编辑：对当前面通过实体造型特征进行各种编辑。

思政目标

(1) 通过三维实体特征编辑及操作学习，培养学生理论联系实际、学以致用、实事求是的态度，并将其运用到创新设计中。

(2) 通过大国工匠案例教学引导学生树立"科技自立自强"必定有我、将小我融入大我的社会意识和奉献精神。

4.1　任务 16：布尔实体的运算

布尔运算贯穿 UG 的整个实体组成，使用非常频繁。布尔运算命令不仅可以在操作中单独使用，而且还可以镶嵌在其他命令的对话框中，随其他命令的完成自动完成布尔运算操作。

4.1.1　布尔求和

布尔求和运算是一种在多个实体之间进行叠加的拓扑逻辑运算，运算后的结果是将所有的实体全部叠加在一起的效果。布尔运算命令的操作有两种方式：一种是直接采用布尔运算命令的形式进行，如单击"菜单"下拉按钮，选择"插入"→"组合"→"求和"命令，或者在"主页"选项卡中单击"求和"按钮，弹出"合并"对话框，该对话框用来选取目标体和工具体，以及设置是否保留参数，如图 4-1 所示；另一种是镶嵌在其他的工具中，通常在实体创建工具时，可以选择是否使用布尔运算以及选取何种布尔运算，如图 4-2 所示。

图 4-1　"合并"对话框

图 4-2　"圆柱"对话框

4.1.2　布尔求差

布尔求差运算是一种在多个实体之间进行求差的拓扑逻辑运算，运算后先前多个实体组合成一个新实体。布尔求差命令的操作方式有两种：一种是直接进行布尔运算操作，如单击"菜单"下拉按钮，选择"插入"→"组合"→"求差"命令，或者在"主页"选项卡中单击"求差"按钮，弹出"求差"对话框，如图 4-3 所示；另一种是镶嵌在其他实体操作组中，方便用户随时进行布尔运算，如图 4-4 所示。

图 4-3　"求差"对话框

图 4-4　"圆柱"对话框

4.1.3　布尔求交

　　布尔求交运算是一种在多个实体之间进行求取公共部分的拓扑逻辑运算，运算后的结果是将所有的实体全部叠加在一起，取其公共部分后的效果。布尔求交运算的操作方式有两种：一种是直接采用布尔运算命令的形式进行，如单击"菜单"下拉按钮，选择"插入"→"组合"→"求交"命令，或者在"主页"选项卡中单击"求交"按钮，弹出"相交"对话框，如图 4-5 所示；另一种是镶嵌在其他工具体中进行操作，如图 4-6 所示。

图 4-5　"相交"对话框

图 4-6　"圆柱"对话框

4.1.4　实例练习

　　下面通过如图 4-7 所示布尔运算实例，具体认识布尔运算的操作方法。

布尔运算

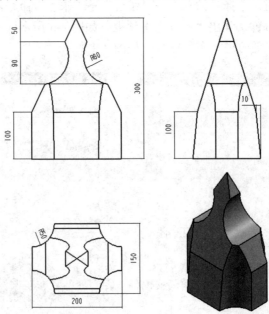

图 4-7　布尔运算实例

操作步骤如下：

(1) 新建模型文件。选择"文件"→"新建"命令(或单击"新建"按钮），弹出"新建"对话框；在"模型"选项卡的"模板"区域中选择模板类型为模型，在"名称"文本框中输入文件名；单击"确定"按钮，完成新文件的建立。

(2) 单击"菜单"下拉按钮，选择"插入"→"在任务环境中绘制草图"命令，点选XC-YC 基准平面，进入草图绘制界面，绘制图 4-8 所示草图；单击"拉伸"按钮，弹出"拉伸"对话框；选择草图轮廓线，在"指定矢量"选项后选择 ZC 轴，其他参数设置如图 4-9 所示；单击"确定"按钮，完成拉伸实体的创建。

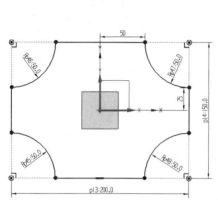

图 4-8 绘制草图

图 4-9 基座拉伸实体

(3) 单击"菜单"下拉按钮，选择"插入"→"在任务环境中绘制草图"命令，点选XC-ZC 基准平面，绘制如图 4-10 所示草图；单击"拉伸"按钮，弹出"拉伸"对话框，选择草图轮廓线，在"指定矢量"选项后选择 YC 轴，其他参数设置如图 4-11 所示；单击"确定"按钮，完成拉伸实体的创建。

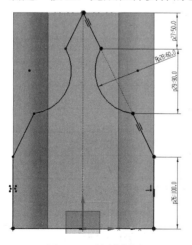

图 4-10 绘制草图

图 4-11 布尔运算"相交"运用及结果

(4) 单击"菜单"下拉按钮，选择"插入"→"在任务环境中绘制草图"命令，点选 Y-Z基准平面，绘制如图 4-12 所示草图；单击"拉伸"按钮，弹出"拉伸"对话框，选择草图轮廓线，在"指定矢量"选项后选择 XC 轴，其他参数设置如图 4-13 所示；单击"确定"按钮，完成拉伸实体的创建。

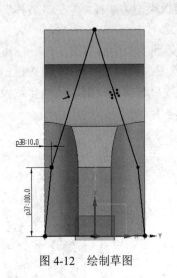

图 4-12　绘制草图

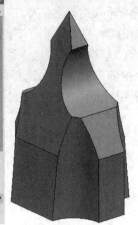

图 4-13　"拉伸"对话框及结果

4.2　任务 17：同步建模

4.2.1　移动面操作

移动面命令可以使用线性或角度变换的方法来移动选定的面(一个或多个)，并自动调整相邻的圆角面。移动面命令有很多种子类型，具体含义如表 4-1 所示。"移动面"对话框如图 4-14 所示。

表 4-1　移动面子类型

命　令	描　述
距离-角度	允许定义变换，该变换可以是单一线性变换、单一角度变换或两者的结合
距离	可以用沿矢量的距离定义变换
角度	以绕轴的旋转角度来定义变换
点之间的距离	可以用原点和测量点之间，沿轴的距离定义变换
径向距离	允许通过在测量点和轴之间距离(垂直于轴而测量)来定义变换
点到点	允许定义两点之间(从一个点到另一个点)的变换
根据三点旋转	允许通过绕轴的旋转定义变换，其中的角度在三点之间测量
将轴与矢量对齐	允许通过绕枢轴点旋转轴来定义变换，从而使轴与参考矢量平行
CSYS 到 CSYS	允许定义两个坐标系之间(从一个坐标系到另一个坐标系)的变换
动态	允许同时使用线性和角度方法定义变换，仅在使用无历史记录模式(插入/同步建模/无历史记录模式)时可用

图 4-14 "移动面"对话框

4.2.2 替换面操作

"替换面"命令可以用一个面替换一个或多个面。替换面通常来自于不同的体，但也可能和要替换的面来自同一个体。选定的替换面必须位于同一个体，并形成由边连接而成的链，替换面必须是实体面或片体面，不能是基准平面。选择菜单栏中的"插入"→"同步建模"→"替换面"命令，或者在"主页"选项卡中"同步建模"功能区中单击"替换面"按钮 ，弹出"替换面"对话框，如图 4-15 所示。

图 4-15 "替换面"对话框

4.2.3 删除面操作

"删除面"命令是删除实体的某一个面，之后通过延伸相邻面自动修复模型中因删除面留下的开放区域，且保留相邻圆角。单击选项卡"主页"→"同步建模"→"删除面"按钮 ，或者选择菜单"插入"→"同步建模"→"删除面"命令，弹出"删除面"对话框，如图 4-16(a)所示。在"类型"下拉列表中有四种类型，分别是"面""圆角""孔""圆角大小"。含义如下：

(1) "面"：可以删除任何一个面或多个面；

(2) "圆角"：删除恒定半径倒圆、凹口倒圆、陡峭倒圆和半径不恒定的倒圆；

(3) "孔"：删除指定大小的孔；

(4) "圆角大小"：删除指定大小的恒定半径倒圆。

在"截断面"选项组中可以设置一个截断面，相邻面的延伸将在截断面处终止。截断选项有两种选择，"面或平面"代表选择已有面作为截断面，"新平面"是实时创建一个面作为截断面。例如，选择图 4-16(b)中面 1 和面 2 作为要删除的面，截断面不选，单击"确定"按钮后效果如图 4-16(c)所示。

(a) 删除面对话框及各选项

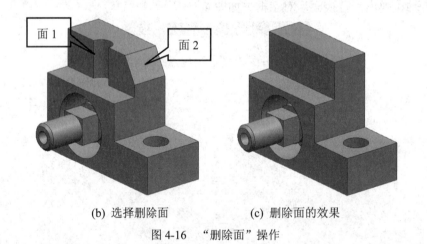

(b) 选择删除面   (c) 删除面的效果

图 4-16   "删除面"操作

4.2.4   偏置区域操作

"偏置区域"命令可以偏置现有的一个或多个面，并自动调整相邻的圆角面等。它与偏置面命令相比较最明显的优势在于：使用偏置区域时可使用面查找器选项来达到快速选定需偏置的面，且支持对相邻的面自动进行重新倒圆。单击选项卡"主页"→"同步建模"→"偏置区域"按钮 ⬚，或者选择菜单"插入"→"同步建模"→"偏置区域"命令，弹出"偏置区域"对话框，如图 4-17(a)所示。例如，在面选项组中选择左侧圆柱面作为要偏置的一组面，在"偏置"选项组中设置偏置的距离为 4，单击"确定"按钮后效果如图 4-17(b)所示。

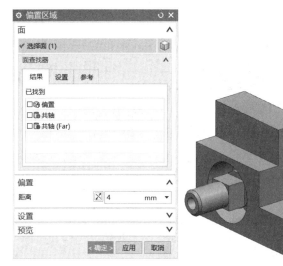
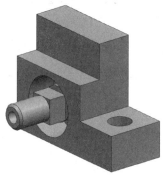
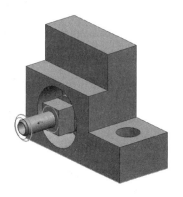

(a) "偏置区域" 对话框 　　　　　(b) 偏置区域效果

图 4-17　偏置区域对话框及效果

4.2.5　实例练习

下面我们以一个具体实例来说明同步建模的创建方法。

(1) 新建文件。新建一个名为 "壳体" 的模型文件。

(2) 绘制草图。使用 "拉伸" 工具，以 XY 平面作为草图平面进入草图环境中，绘制如图 4-18 所示的草图。

同步建模

(3) 创建拉伸特征。退出草图环境后，在 "拉伸" 对话框中设置拉伸深度为 20，拔模斜度为 5。创建的特征如图 4-19 所示。

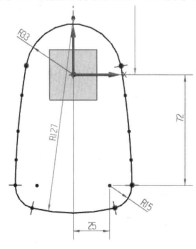

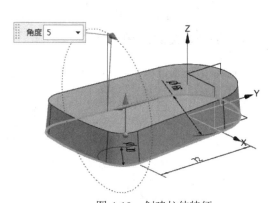

图 4-18　绘制草图　　　　　　　　　　图 4-19　创建拉伸特征

(4) 拉伸曲面。单击 "主页" 选项卡中 "特征" 功能区里的 "拉伸" 按钮，绘制草图截面，如图 4-20 所示，对称拉伸深度为 55，创建出如图 4-20 所示的拉伸曲面。

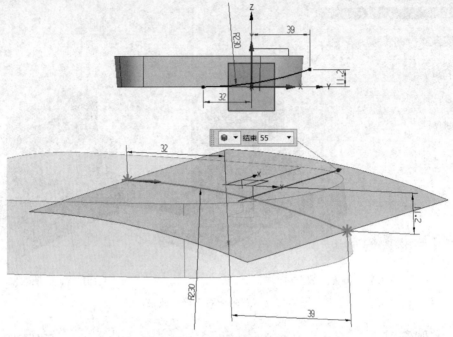

图 4-20　创建拉伸曲面

(5) 修剪实体。单击"主页"选项卡中"特征"功能区里的"修剪体"按钮，用第(4)步创建的拉伸曲面修剪第(3)步创建的实体，结果如图 4-21 所示。

图 4-21　修剪实体

(6) 创建圆角特征。使用"边倒圆"工具创建圆角，相关设置如图 4-22 所示。

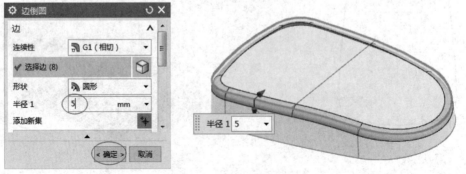

图 4-22　创建圆角特征

(7) 绘制拉伸实体。选择实体的底面绘制草图，草图及拔模参数设置如图 4-23 所示，创建如图 4-24 所示的拉伸实体。

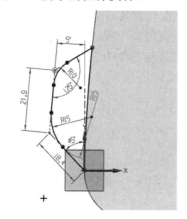

图 4-23　绘制草图及拔模参数设置

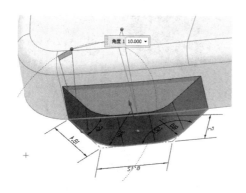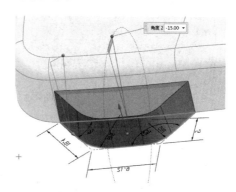

图 4-24　创建拉伸实体

(8) 修改间隙。在"主页"选项卡中单击"求和"按钮 ，合并两个实体。但求和过程中会出现警报提示信息，如图 4-25 所示，说明两个实体间有间隙，可通过"同步建模"组中的"偏置区域"或"拉出面"按钮进行修改。

(9) 合并实体。在"同步建模"组中单击"偏置区域"按钮，打开"偏置区域"对话框；选择如图 4-26 所示的面进行偏置，使两个实体完全相交；然后在"主页"选项卡中单击"求和"工具，将两个实体合并。

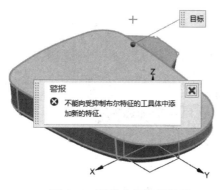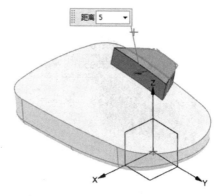

图 4-25　不能求和警报提示　　　　　　　图 4-26　偏置实体面

(10) 移动面。使用同步建模中的"移动面"工具创建拔模斜度：单击"移动面"按钮，打开"移动面"对话框，如图 4-27 所示；选择凸台顶面作为要移动的面，在"变换"选项区激活"指定距离矢量"命令，然后指定 Y 轴作为距离矢量，激活"指定枢轴点"命令，再选取一个参考点作为枢轴点，如图 4-28 所示；输入旋转角度为 350，单击"确定"按钮完成移动面的操作，如图 4-29 所示。

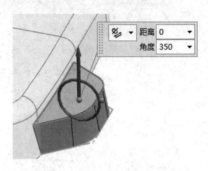

图 4-27　选择移动面

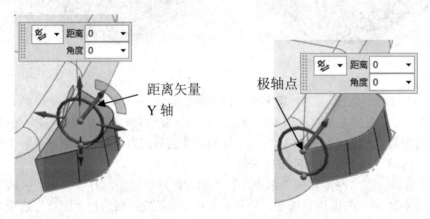

距离矢量
Y 轴

极轴点

图 4-28　指定 Y 轴作为距离矢量及指定枢轴点

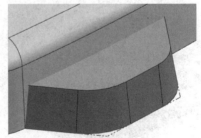

图 4-29　移动面的结果

(11) 边倒圆。利用"边倒圆"工具创建半径为 2.5 mm 的圆角特征，如图 4-30 所示。

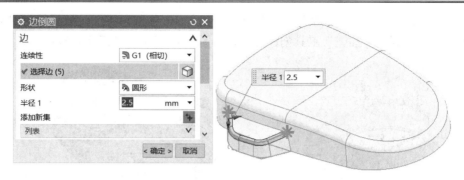

图 4-30　"边倒圆"对话框及倒圆角的结果

(11) 镜像特征。利用"镜像特征"工具在部件导航器中选择多个特征，镜像至 YZ 平面的另一侧，如图 4-31 所示。

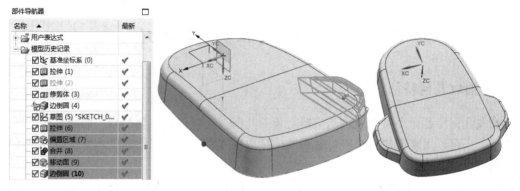

图 4-31　创建镜像特征

(12) 拉伸特征。使用"拉伸"工具选择 XC-YC 平面绘制草图，创建如图 4-32 所示的拉伸求差特征。

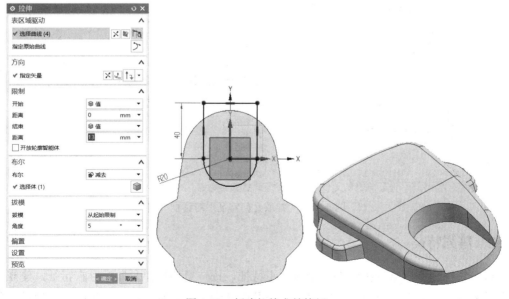

图 4-32　创建拉伸求差特征

(14) 边倒圆。利用"边倒圆"工具创建半径为 1 mm 的圆角特征，如图 4-33 所示。

(15) 抽壳。利用"抽壳"工具创建壳体，如图 4-34 所示。最后保存设计结果。

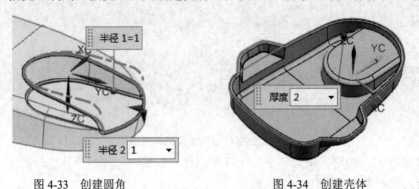

图 4-33　创建圆角　　　　　　　　　　图 4-34　创建壳体

4.3　任务 18：特征复制与阵列

4.3.1　抽取几何特征

抽取几何特征命令可以用来从当前对象的几何特征中抽取需要的点、曲线、面，以及体特征，还可以用来创建与选取对象相同的抽取副本特征。抽取后的副本特征可以是关联的，也可以是取消关联的。

单击"菜单"下拉按钮，选择"插入"→"关联复制"→"抽取几何特征"命令，或者在"特征"组中单击"抽取几何特征"按钮，系统弹出"抽取几何特征"对话框，如图 4-35 所示。

图 4-35　"抽取几何特征"对话框

4.3.2　阵列特征

阵列特征命令用来将指定的一个或一组特征，按一定的规律复制已存在特征，建立一个特征阵列。阵列中各成员保持相关性，当其中某个成员被修改，阵列中的其他成员也会相应自动变化，"阵列特征"命令适用于创建同样参数且呈一定规律排列的特征命令。

在"特征"组中单击"阵列特征"命令按钮，弹出"阵列几何特征"对话框，如图4-36所示。

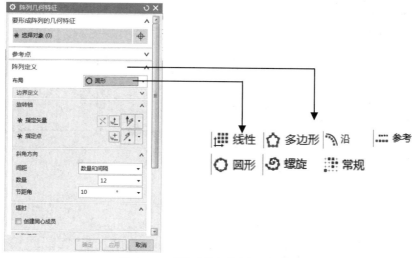

图4-36　"阵列几何特征"对话框

阵列特征的阵列方式有7种，包括线性阵列、圆形阵列、多边形阵列、螺旋阵列、沿阵列、常规阵列和参考阵列，分别介绍如下。

1. 线性阵列

对于线性布局，可以指定在一个或两个方向上对称阵列，也可以指定多个列或行交错排列，如图4-37所示。如图4-38为线性阵列的各项参数示意图。

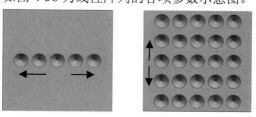

图4-37　线性阵列

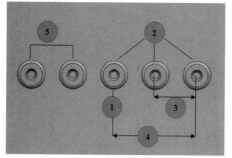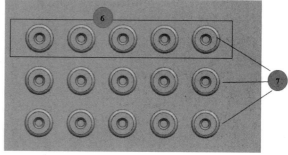

① 方向1 ② 数量=3　③ 节距　④ 跨距　⑤ 对称　⑥ 方向2　⑦ 数量=3

图4-38　线性阵列的各项参数示意图

2. 圆形阵列

选定的主特征绕一个参考轴，以参考点为旋转中心，按指定的数量和旋转角度复制若干成员特征。圆形阵列可以控制阵列的方向，其参数选项及图解如图 4-39 所示。

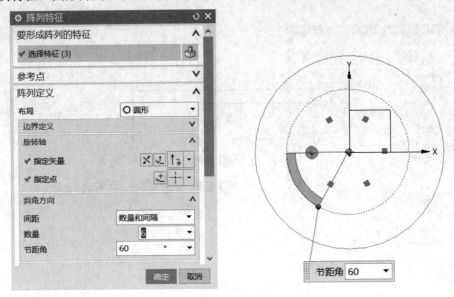

图 4-39　圆形阵列参数选项及图解

3. 多边形阵列

多边形阵列与圆形阵列类似，需要指定旋转轴和轴心。多边形阵列的参数选项及图解如图 4-40 所示。

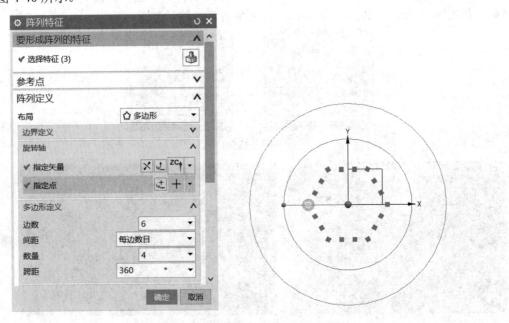

图 4-40　多边形阵列参数选项及图解

利用多边形阵列与圆形阵列可以创建同心成员，在"辐射"选项组中勾选"创建同心成员"复选框，将创建如图 4-41 和图 4-42 所示的圆形阵列和多边形阵列。

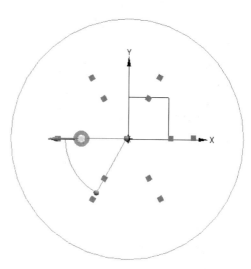

图 4-41　圆形阵列

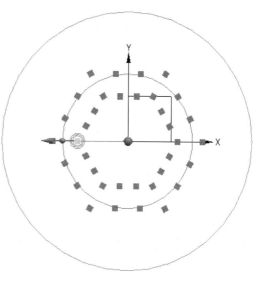

图 4-42　多边形阵列

4. 螺旋阵列

螺旋阵列是使用螺旋路径来定义布局的。如图 4-43 所示为螺旋阵列的参数选项及图解。

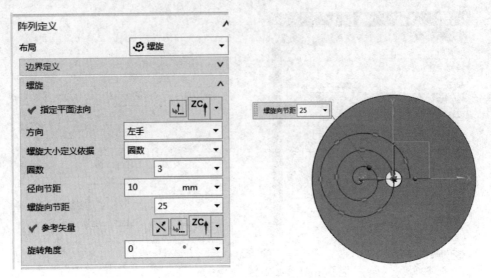

图 4-43　螺旋阵列的参数选项及图解

5. 沿阵列

沿阵列是定义一个跟随连续曲线链(可选)和第二条曲线链或矢量的布局。沿阵列的参数选项及图解如图 4-44 所示。

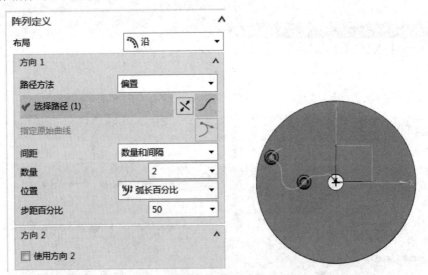

图 4-44　沿阵列的参数选项及图解

沿阵列的路径方法有偏置、刚性和平移 3 种。

(1) 偏置：(默认)使用与路径最近的垂直路径来投影输入特征的位置，并沿该路径进行投影，如图 4-45 所示。

(2) 刚性：将输入特征的位置投影到路径的开始位置，然后沿路径进行投影。距离和角度维持在创建实例时的刚性状态，如图 4-46 所示。

(3) 平移：在线性方向将路径移动到输入特征参考点，并沿平移的路径计算间距，如图 4-47 所示。

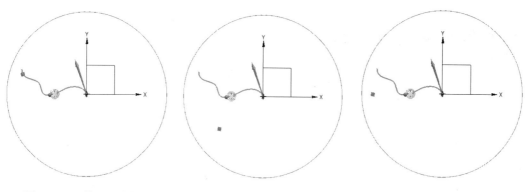

图 4-45 "偏置"路径方法　　图 4-46 "刚性"路径方法　　图 4-47 "平移"路径方法

6. 常规阵列

常规阵列是使用由一个或多个目标点，或坐标系定义的位置来定义布局的。如图 4-48 所示为常规阵列的参数选项及图解。

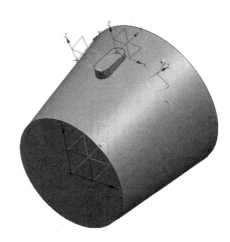

图 4-48 常规阵列的参数选项及图解

💡 注意：默认情况下，打开的对话框中显示的选项是常用的，也是默认的基本选项。如果想要更多的选项设置，可在该对话框的顶部单击展开按钮。

4.3.3 镜像特征

镜像特征是对选取的特征相对于平面或基准平面进行镜像的，镜像后的副本与原特征完全关联。单击"菜单"下拉按钮，选择"插入"→"关联复制"→"镜像特征"命令，或者在"特征"组中单击"镜像特征"按钮🔳，弹出"镜像特征"对话框，如图 4-49

所示。

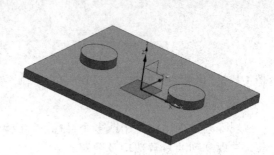

图 4-49　"镜像特征"对话框及示意图

4.3.4　实例练习

下面通过如图 4-50 所示的实例进一步认识和掌握特征的复制与阵列操作。

特征复制与阵列

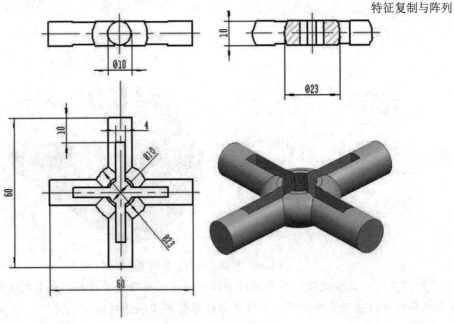

图 4-50　阵列特征实例

操作步骤如下：

1. 创建旋转特征

选择 XC-ZC 平面作为基准平面并绘制图 4-51 所示草图；单击"主页"选项卡中"特征"功能区里的"旋转"按钮，弹出"旋转"对话框；选择草图轮廓线，在"指定矢量"

选项后选择 ZC 轴，在"指定点"选项下选择坐标原点，"旋转"对话框中的其他参数如图 4-52 所示，单击"确定"按钮，完成旋转实体的创建，

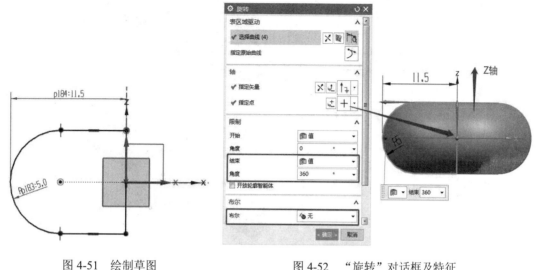

图 4-51　绘制草图　　　　　　　　　　图 4-52　"旋转"对话框及特征

2. 创建凸台实体

选择 XC-ZC 平面作为基准平面，绘制图 4-53 所示草图；单击"主页"选项卡中"特征"功能区里的"拉伸"按钮 ，弹出"拉伸"对话框；选择草图轮廓线，在"指定矢量"选项后选择 YC 轴，修改"拉伸"对话框中的参数，完成拉伸实体的创建，如图 4-54 所示。

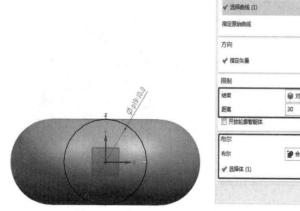
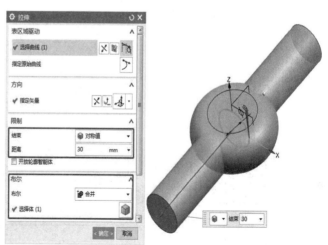

图 4-53　绘制草图　　　　　　　　　　图 4-54　"拉伸"对话框及拉伸实体

3. 阵列特征

单击"菜单"下拉按钮，选择"插入"→"关联复制"→"阵列特征" 阵列特征，弹出"阵列特征"对话框，点选图形中要复制的圆柱体特征，在对话框中输入如图 4-55 所示的数据和选项，完成两个圆柱体的创建。

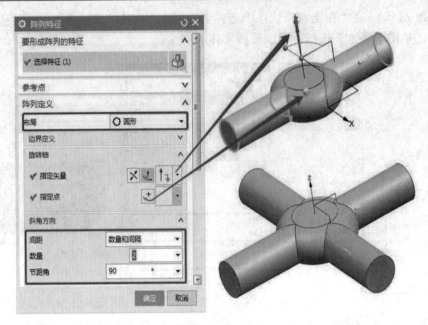

图 4-55　阵列特征

4. 拉伸修剪实体

　　以椭圆上表面为基准，进入草图绘制界面，绘制如图 4-56 所示草图；单击"主页"选项卡的"特征"功能区中的"拉伸"按钮 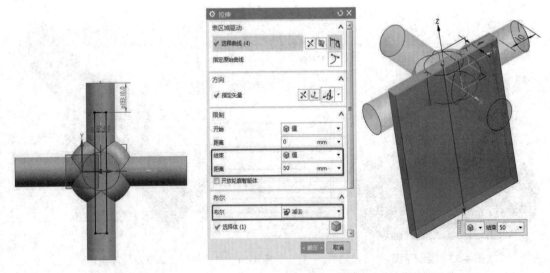，选择草图轮廓线，在"指定矢量"选项后选择 ZC 轴，修改"拉伸"对话框中的参数如图 4-57 所示，完成拉伸修剪实体的创建。

图 4-56　绘制草图　　　　　　　　图 4-57　"拉伸"对话框及特征

5. 阵列特征

　　单击"菜单"下拉按钮，选择"插入"→"关联复制"→"阵列特征" ，弹出"阵列特征"对话框，点选图形中要复制的拉伸修剪实体特征，在对话框里输入如图 4-58 所示的数据和选项，完成两个凹槽的创建。

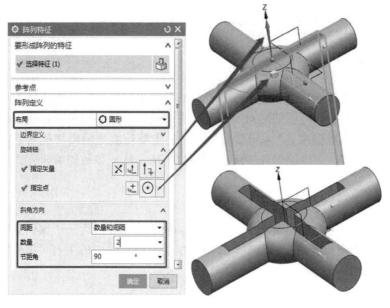

图 4-58　"阵列特征"对话框

6. 创建通孔

以椭圆上表面为基准，进入草图绘制界面，绘制如图 4-59 所示草图；单击"主页"选项卡的"特征"功能区中的"拉伸"按钮，弹出"拉伸"对话框；选择草图轮廓线，在"指定矢量"选项后选择-ZC 轴，修改拉伸对话框中参数如图 4-60 所示，完成拉伸实体通孔的创建。

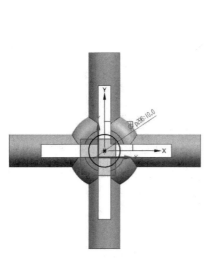

图 4-59　绘制草图

图 4-60　创建通孔

4.4　任务 19：特征的编辑

4.4.1　编辑参数

编辑特征参数是指通过重新定义创建特征的参数来编辑特征，生成修改后的新特征的操作。通过编辑特征参数可以随时对实体特征进行更新，而不用重新创建实体，可以大大提高工作效率和建模准确性。"编辑参数"命令的主要功能是编辑特征的基本参数，如坐标系、长度、角度等，可以编辑几乎所有的参数特征。特征参数的编辑方式主要有 3 种，下面分别进行说明。

1. 方式 1

单击"菜单"下拉按钮 ☰ 菜单(M) ▾，选择"编辑"→"特征"→"编辑参数"命令，弹出如图 4-61 所示"编辑参数"对话框，其中列出了当前文件中的所有可编辑参数特征，选择相应的参数并单击"确定"按钮即可。

2. 方式 2

单击"菜单"下拉按钮 ☰ 菜单(M) ▾，选择"编辑"→"特征"→"可回滚编辑"命令 🐾，打开"可回滚编辑"对话框，如图 4-62 所示。

图 4-61　"编辑参数"对话框

图 4-62　"可回滚编辑"对话框

3. 方式 3

在模型中单击相应特征，在"编辑特征"组中单击"编辑特征参数"按钮 📦，此时将显示出该特征的参数。如果选取的是多个特征，再使用此命令，则会显示这些特征的全部参数列表，选择需要编辑的特征参数即可。

4.4.2　抑制特征和取消抑制特征

特征的抑制操作可以从目标特征中移除一个或多个特征，当抑制相互关联的特征时，关联的特征也将被抑制。当取消抑制后，特征及与之关联的特征将显示在图形区内。

下面我们以一个简单实例进行说明。打开素材文件中的 4.4.2.prt，选择菜单按钮"编辑"→"特征"→"抑制"命令，弹出"抑制特征"对话框，如图 4-63(a)所示；在其中选择"沉头孔"特征，单击"确定"按钮，孔特征被抑制不再显示，如图 4-63(b)所示。如果要取消抑制的特征，可以选择菜单按钮"编辑"→"特征"→"取消抑制"命令，弹出"取消抑制特征"对话框，如图 4-63(c)所示；在其中选择"沉头孔(2)"特征后，单击"确定"按钮，孔特征将会再次显示出来，如图 4-63(d)所示。

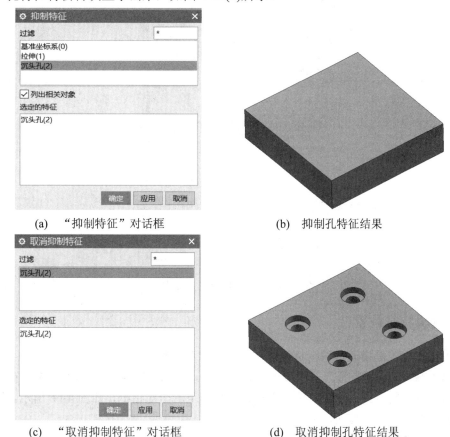

(a)　　"抑制特征"对话框　　　　　　(b)　抑制孔特征结果

(c)　　"取消抑制特征"对话框　　　　(d)　取消抑制孔特征结果

图 4-63　抑制特征和取消抑制特征

4.4.3　替换特征

替换特征是指将一个特征替换为另一个特征并更新相关特征。在设计中，巧用替换特征可以快速更改部分特征，而不需要按常规方法来构建特征。单击"菜单"下拉按钮 ⬚ 菜单(M) ▾，选择"编辑"→"特征"→"替换"命令，打开如图 4-64 所示的"替换特征"对话框，利用此命令可执行以下操作，具体步骤如下：

(1) 选择要替换的特征，可以设置添加相关特征、体中的全部特征和体中的原有特征(一项或多项)，接着选择替换特征并设置其相关特征。

(2) 在"自动匹配"选项组中设置"自动执行几何匹配"复选框的状态，以及设置几何匹配容差值；在"映射"选项组中指定原始父级等。

(3) 在"设置"选项组中，可以设置映射时是否仅显示唯一的输入，设置是否删除原始特征，是否复制替换特征，是否映射时同步视图，是否在映射期间自动递进等内容。

(4) 单击"应用"按钮或"确定"按钮完成特征替换。

图 4-64　　"替换特征"对话框

4.4.4　编辑特征位置

编辑特征位置是指通过编辑特征的定位尺寸来移动特征。打开素材文件中的 4.4.4.prt，依次选择"编辑"→"特征"→"编辑位置"命令，弹出如图 4-65 所示对话框。在其中选择需要编辑位置的特征，单击"确定"按钮，弹出下一个对话框，如图 4-66 所示。现介绍该对话框中的 3 个实用按钮。

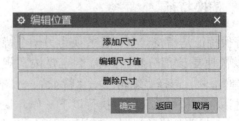

图 4-65　"编辑位置"对话框　　　　　　图 4-66　编辑位置的三种方式

(1) "添加尺寸"按钮：用于为某些设计特征添加定位约束尺寸。

(2) "编辑尺寸值"按钮：用于编辑所选特征的定位尺寸。

(3) "删除尺寸"按钮：用于删除不需要的定位尺寸。

4.4.5 特征重排序

特征重排序主要用于调整特征创建后的顺序,编辑后的特征可以位于所选特征之后或之前。不能对相互之间具有父子关系和依赖关系的特征进行特征间的重排序操作。单击"菜单"下拉按钮  菜单(M)▼,选择"编辑"→"特征"→"特征重排序"命令,弹出如图 4-67 所示的"特征重排序"对话框,在"参考特征"列表框中显示了当前过滤器规定范围内的所有可用参考特征,从中选择所需的参考特征;在"选择方法"选项组中选择"之前"单选按钮或"之后"单选按钮,此时在"重定位特征"列表框中显示了可重定位特征,从中指定所需的重定位特征,如图 4-68 所示;单击"应用"按钮或"确定"按钮。

图 4-67 "特征重排序"对话框

图 4-68 "特征重排序"对话框及"重定位特征"

4.4.6 移动特征

移动特征用于将非关联的特征移动到指定的位置处,该命令不能对存在定位尺寸的特征进行编辑。单击"菜单"下拉按钮 菜单(M)▼,选择"编辑"→"特征"→"移动"命令,选择要移动的无关联目标特征,单击"应用"或"确定"按钮,弹出如图 4-69 所示的"移动特征"对话框,可以设置"DXC""DYC"和"DZC"移动距离增量。这 3 个参数分别表示沿 X、Y 和 Z 方向移动的增量值。在该对话框中,还可根据设计实际情况使用以下 3 个按钮。

图 4-69 "移动特征"对话框

（1）"至一点"按钮：将所选特征按照从原位置到目标点所确定的方向和距离移动。单击此按钮，分别利用弹出的"点"对话框指定参考点位置和目标点位置，即可完成移动。

（2）"在两轴间旋转"按钮：将所选特征以一定角度绕指定枢轴点从参考轴旋转到目标轴。单击此按钮，弹出"点"对话框，指定一点定义枢轴点，再分别利用弹出的"矢量"对话框构造矢量，以定义参照轴和目标轴。

（3）"坐标系到坐标系"按钮：将所选特征从参考坐标系中的相对位置移至目标坐标系中的同一位置。单击此按钮，系统弹出"CSYS"对话框，先构造一个坐标系作为参考坐标系，再构造另一个坐标系作为目标坐标系。

4.4.7　实例练习

（1）在教材提供的素材文件夹中，找到项目四子文件夹，选择 4.4.7.prt 并打开，如图 4-70 所示。

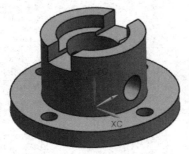

特征编辑

图 4-70　素材模型

（2）单击"菜单"下拉按钮 ＝ 菜单(M) ▼ ，选择"编辑"→"特征"→"编辑参数"命令，打开"编辑参数"对话框。

（3）在该对话框的"过滤"列表中选择"圆柱"选项，然后单击"确定"按钮，弹出"圆柱"对话框，如图 4-71 所示。

图 4-71　选择要编辑的参数

（4）在"圆柱"对话框中修改直径和高度的值，再单击"确定"按钮完成参数编辑，如图 4-72 所示。

(5) 参数编辑完成后，返回"编辑参数"对话框中，单击"应用"按钮，选取的特征将会按照新的尺寸参数自动更新，依附于其上的其他特征仍按原定位置保持不变，结果如图 4-73 所示。

图 4-72 参数设置

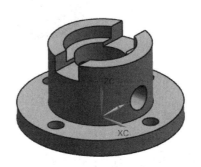

图 4-73 完成创建

(6) 在"编辑参数"对话框的"过滤"列表中选择"支管"选项，然后单击"确定"按钮，弹出如图 4-74 所示的编辑参数选项。

图 4-74 选择要编辑的参数

(7) 选择"特征对话框"选项，弹出"编辑参数"对话框，然后重新设置新的参数(这里仅设置锥角)，如图 4-75 所示。

图 4-75 设置锥角参数

(8) 单击不同对话框的"确定"按钮，完成参数编辑操作，最终结果如图 4-76 所示。

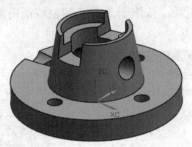

图 4-76　完成参数编辑的结果

4.5　任务 20：特征编辑操作综合实例

　　用户在 UG 特征建模过程中，时常会遇到一些问题。例如看见一个产品，不知道从何处开始建模；模型中特征与特征之间的父子关系混淆不清；一个特征到底使用什么样的工具命令来完成等。

　　本节以圆盘模型为例进行模型处理与特征编辑等操作，主要操作工具有拉伸、切除、旋转、倒圆角和镜像特征等。本实例要完成的零件模型如图 4-77 所示。

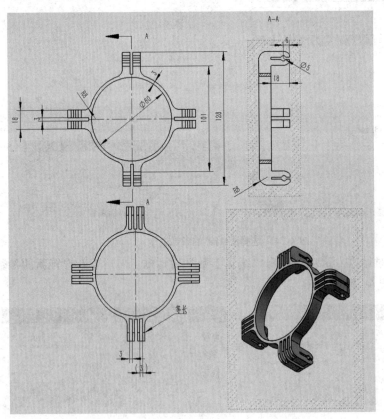

特征编辑操作
综合实例

图 4-77　圆盘零件

1. 新建文件

单击"菜单"下拉按钮，选择"文件"→"新建"命令(或单击"新建"按钮 ▯)，弹出"新建"对话框；在"模型"选项卡的"模板"区域中选择模板类型为 ▯ 模型，在"名称"文本框中输入文件名，单击"确定"按钮，完成新文件的建立。

2. 拉伸圆底板特征

(1) 选择 X-Y 平面作为基准平面，进入草图绘制界面，绘制图 4-78 所示草图。

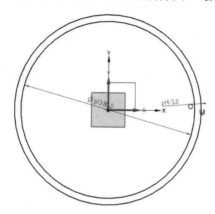

图 4-78 绘制圆底板草图

(2) 依次单击"主页"→"特征"→"拉伸" ▯，弹出"拉伸"对话框；在绘图区选择上一步所绘草图作为拉伸的截面，单击"确定"按钮，完成底板的拉伸，如图 4-79 所示。其他参数设置如图 4-79 所示。

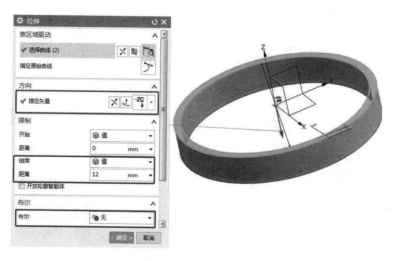

图 4-79 拉伸底板特征

3. 拉伸凸台特征

(1) 选择 X-Z 平面作为基准平面，进入草图绘制界面，绘制图 4-80 所示草图。

(2) 依次单击"主页"→"特征"→"拉伸" ▯，弹出"拉伸"对话框；在绘图区选择上一步所绘草图作为拉伸的截面，在"拉伸"对话框"方向"选项组下指定矢量为"YC 轴"；在"限制"选项组下选择"结束"为"对称值"，距离为"9"，布尔运算为"合并",完成凸台特征,如图 4-81 所示。

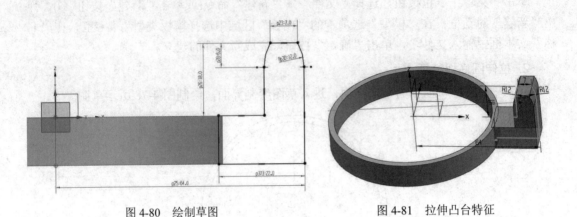

图 4-80 绘制草图　　　　　图 4-81 拉伸凸台特征

4. 拉伸修剪通槽

(1) 选择 X-Z 平面作为基准平面,进入草图绘制界面,绘制图 4-82 所示草图。

(2) 依次单击"主页"→"特征"→"拉伸" ▥,弹出"拉伸"对话框;在绘图区选择上一步所绘草图作为拉伸的截面,在"拉伸"对话框"方向"选项组下指定矢量为"YC轴",在"限制"选项组下选择"结束"为"对称值",距离为"9",布尔运算为"减去",完成通槽修剪,如图 4-83 所示。

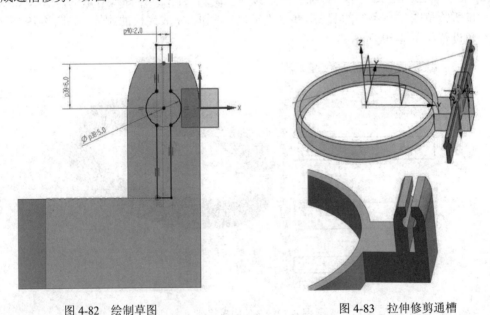

图 4-82 绘制草图　　　　　图 4-83 拉伸修剪通槽

5. 边倒圆

依次单击"主页"→"特征"→"边倒圆" ⬤,弹出"边倒圆"对话框;在绘图区选择左侧上边缘和下边缘,在"边"对话框选择"半径 1"选项组,值为"8",完成边倒圆,如图 4-84 所示。

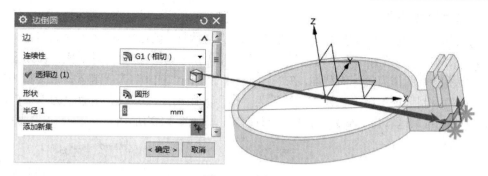

图 4-84　边倒圆

6. 拉伸修剪凸台

(1) 单击"菜单"下拉按钮，选择"插入"→"在任务环境中绘制草图"命令，弹出"创建草图"对话框；选择图 4-85 中底板区域作为草绘平面，进入草图绘制界面，绘制如图 4-86 所示草图。

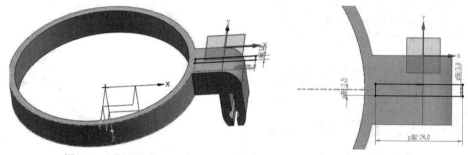

图 4-85　草图基准平面选择　　　　　　　　　图 4-86　绘制草图

(2) 依次单击"主页"→"特征"→"拉伸"，弹出"拉伸"对话框；在绘图区选择上一步所绘草图作为拉伸的截面，在"拉伸"对话框的"方向"选项组下指定矢量为"ZC轴"，在"限制"选项组下选择"开始"为"值"，距离为"0"，"结束"为"贯通"，布尔运算为"减去"；单击"应用"按钮，完成凸台修剪，如图 4-87 所示。

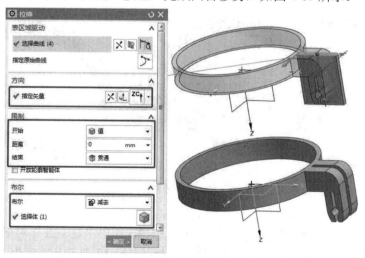

图 4-87　拉伸修剪凸台

7. 拉伸修剪窄槽

(1) 选择底板区域作为基准平面，进入草图绘制界面，绘制图 4-88 所示草图。

(2) 依次单击"主页"→"特征"→"拉伸" 📖，弹出"拉伸"对话框；在绘图区选择上一步所绘草图作为拉伸的截面，在"拉伸"对话框的"方向"选项组下指定矢量为"ZC轴"，在"限制"选项组下选择"开始"为"值"，距离为"0"，"结束"为"值"，距离为"10"，布尔运算为"减去"，完成窄槽特征，如图 4-89 所示。

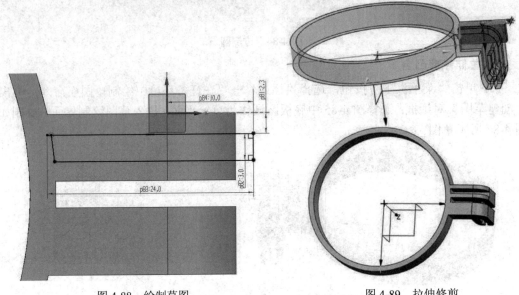

图 4-88　绘制草图　　　　　　　　　　图 4-89　拉伸修剪

8. 镜像特征

单击"主页"→"特征"→展开"更多"→"关联复制"→"镜像特征" 🔄，弹出"镜像特征"对话框；选择步骤 7 窄槽作为要镜像的特征，另选择 XZ 平面作为镜像平面，单击鼠标中键，完成特征镜像，如图 4-90 所示。

图 4-90　镜像特征

9. 边倒圆

依次单击"主页"→"特征"→"边倒圆" 📦，弹出"边倒圆"对话框；在绘图区选择左侧和右侧拐角区域，在"边"对话框中选择"半径 1"选项组，值为"8"；单击"确定"按钮，完成边倒圆，如图 4-91 所示。

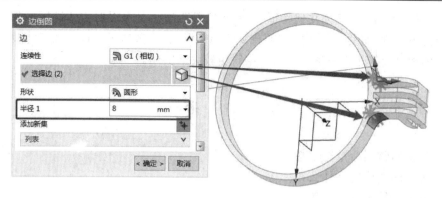

图 4-91　边倒圆

10. 阵列特征

单击"菜单"下拉按钮，选择"插入"→"关联复制"→"阵列特征"命令，弹出"阵列特征"对话框；点选以上所有步骤创建的实体特征，在"阵列定义"选项组下选择"布局"为"圆形"；在"旋转轴"选项组下选择"指定矢量"为"ZC 轴"，"指定点"为草图中心；在"斜角方向"选项组下选择"间距"为"数量和间隔"，"数量"为 4，"节距角"为 90°，完成其余阵列特征的创建，如图 4-92 所示。

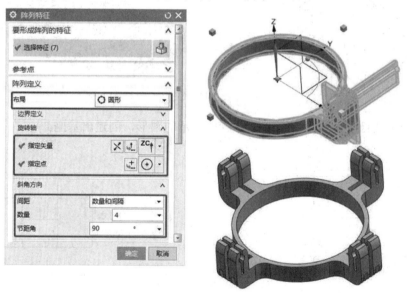

图 4-92　阵列特征

至此，零件建模完成。

小　　　结

特征复制与阵列主要讲解了对已有特征或实体进行的一些操作处理与编辑。操作处理主要包括"布尔实体的运算""同步建模""特征复制与阵列""特征编辑"和"特征操作综合实例"等内容，在某些产品模型的设计过程中，"关联复制"方面的工具较有用，例如，使用"阵列特征""阵列几何特征""镜像特征"等工具可以对实体进行多个成组的阵列复制或镜像复制,避免对单一实体的重复建模操作,大大节省了设计时间。在 NX UG 12.0 中，修剪体和拆分体是很方便的，特征编辑也较灵活实用。

练 习 题

1. 特征编辑常用命令有哪些?
2. 特征编辑的作用是什么?
3. 如何进行编辑特征参数?
4. 采用本项目所讲的命令根据如图 4-93 所示的图形，创建出支承座。

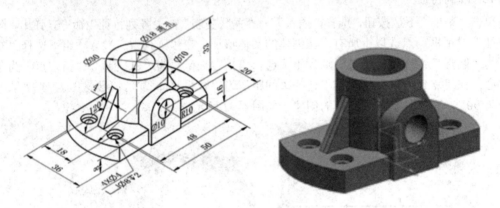

图 4-93　支承座

5. 采用本项目所讲的命令绘制如图 4-94 所示的图形，创建出基座。

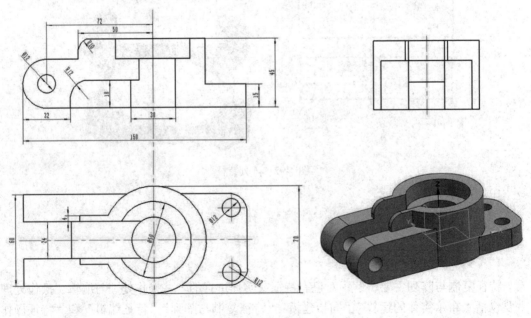

图 4-94　基座

6. 采用本项目所讲的命令绘制如图 4-95 所示的图形，创建出壳体零件。

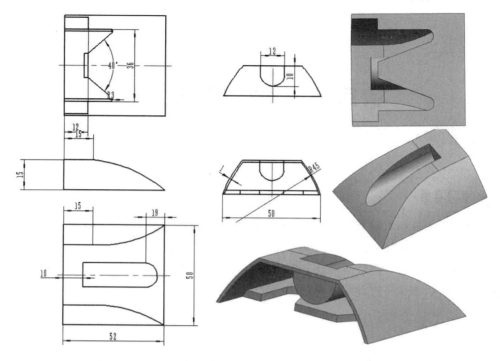

图 4-95　壳体零件

7. 采用本项目所讲的命令绘制如图 4-96 所示的图形，创建出摇臂零件。

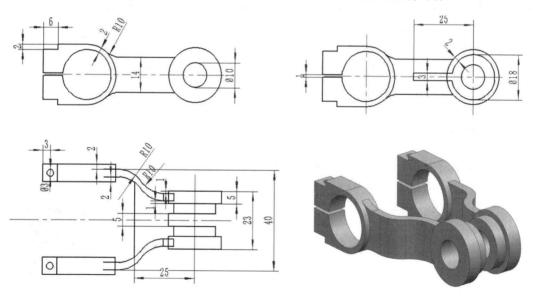

图 4-96　摇臂零件模型

项目五　曲面设计

 学习目的

现代产品设计中有很多流畅的曲面外形，UG NX 软件提供了强大的曲面建模工具，例如创建基本曲面有拉伸、旋转、扫掠等工具。还有很多曲面操作及编辑的工具，例如曲面的延伸、修剪、缝合、曲线网格及艺术曲面等，这些曲面建模工具可以使设计者在设计时更加得心应手。本项目将详解曲面设计的命令及其应用。

 学习要点

(1) 创建曲面基本特征：利用拉伸、旋转、扫掠、直纹、通过曲线组、通过曲线网格等方式创建曲面基本特征。

(2) 曲面操作：利用延伸、偏置、修剪、分割、加厚、缝合、规律延伸、轮廓线弯边等命令进行产品造型设计，使曲面质量得到保证。

(3) 编辑曲面特征：利用曲面编辑、操作功能对曲面进行修剪与组合、关联复制、曲面的圆角及斜角操作。通过直纹、曲线组曲面、曲线网格、艺术曲面等网格曲面功能对产品外形或结构进行比较复杂的设计。

思政目标

引导学生向大国工匠学习，培养学生精益求精、追求极致的工匠初心，严谨细致、缜密周全的工匠作风。

5.1　任务 21：创建基本曲面特征

创建基本曲面特征

5.1.1　以拉伸的方式创建曲面特征

拉伸曲面是沿着矢量拉伸截面所形成的片体类型特征。创建拉伸曲面时，截面可以是开放的，如果截面是封闭的，则在"拉伸"对话框的"设置"选项区中设置体类型为"片体"即可，如图 5-1 所示。

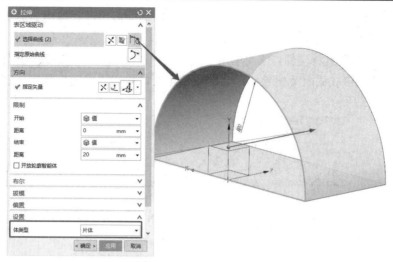

图 5-1　"拉伸"对话框

5.1.2　以旋转的方式创建曲面特征

旋转曲面是通过曲线绕轴旋转创建的特征。当旋转截面曲线为开放曲线时，若终止端旋转角度小于 360°，输出的始终是片体特征；若终止端旋转角度为 360°，在"体类型"下拉表中选择"实体"选项，则输出的即为实体特征；若选择"片体"选项，则输出的是片体特征，如图 5-2 所示。

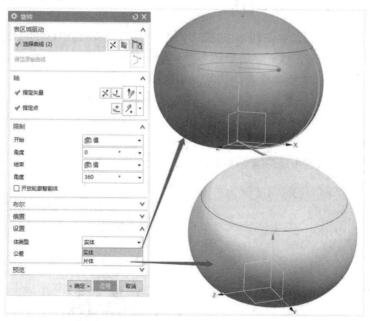

图 5-2　"旋转"对话框

5.1.3　以扫掠的方式创建曲面特征

扫掠曲面是曲线轮廓以预先描述的方式沿空间路径延伸形成的。这种方式是所有曲面创建中最复杂、最强大的一种，需要使用引导线串和截面线串两种线串。其中，延伸的轮廓线为截面线，路径为引导线。

  打开"5.1.3.prt"素材文件，依次单击"主页"→"曲面"→"扫掠"按钮，弹出"扫掠"对话框，依次拾取截面及引导线，其他设置不变，单击"确定"按钮，完成扫掠特征的创建，如图 5-3 所示。

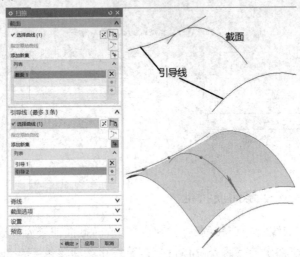

图 5-3   "扫掠"对话框及扫掠曲面

5.1.4　以直纹方式创建曲面特征

  直纹曲面是通过两条截面曲线串生成的片体或实体。其中通过的曲线轮廓称为截面线串，它可以由多条连续的曲线、体边界或多个体表面组成(这里的体可以是实体，也可以是片体)，也可以选取曲线的点或端点作为第一个截面曲线串。

  打开"5.1.4.prt"素材文件，依次单击"曲面"→"曲面"→"更多"→"直纹"按钮，弹出"直纹"对话框，依次选取两条截面线串，其他设置不变，单击"确定"按钮，完成直纹曲面的创建，如图 5-4 所示。

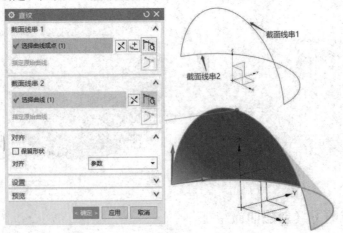

图 5-4   "直纹"对话框及直纹曲面

5.1.5 以通过曲线组方式创建曲面特征

通过曲线组方式可以使一系列截面线串(大致在同一方向)建立片体或者实体。截面线串定义了曲面的 U 方向，截面线可以是曲线、体边界或者体表面等几何体。此时，直纹形状改变以穿过各截面，所生成的特征与截面线串相关联，当截面线串被编辑修改后，特征会自动更新。通过曲线组方式创建曲面与直纹曲面的创建方法相似，区别是直纹曲面只使用两条截面线串，并且两条线串之间总是相连的，而通过曲线组最多可允许使用150 条截面线串。

打开"5.1.5.prt"素材文件，依次单击"主页"→"曲面"→"通过曲线组"按钮，弹出"通过曲线组"对话框，依次拾取 3 条截面线串，其他设置不变，单击"确定"按钮，完成曲面创建，如图 5-5 所示。

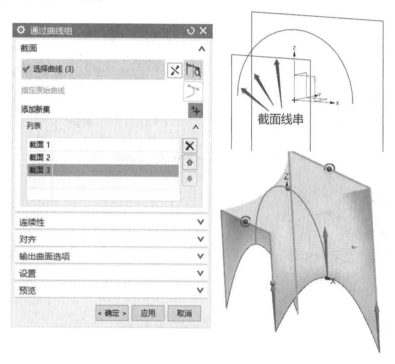

图 5-5 "通过曲线组"对话框及完成曲面

5.1.6 以通过曲线网格方式创建曲面特征

使用"通过曲线网格"工具可以使一系列在两个方向上的截面线串建立片体或实体。截面线串可以由多段连续的曲线组成，这些线串可以是曲线、体边界或体表面等几何体。构造曲面时，应将一组同方向的截面线串定义为主曲线，另一组大致垂直于主曲线的截面线串则为形成曲面的交叉线。由通过曲线网格生成的体相关联(这里的体可以是实体也可以是片体)，当截面线边界被修改后，特征会自动更新。

打开"5.1.6.prt"素材文件，依次单击"主页"→"曲面"→"通过曲线网格"按钮，弹出"通过曲线网格"对话框，依次拾取两条主曲线及两条交叉曲线，其他设置不变，单击"确定"按钮，完成曲面创建，如图 5-6 所示。

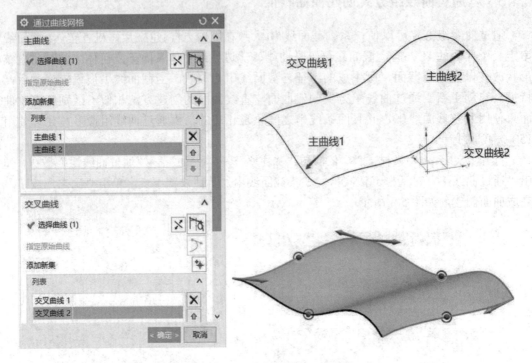

图 5-6　"通过曲线网格"对话框

5.1.7　实例练习

1. 旋钮建模实例

旋钮是由曲面工具和实体造型工具相结合才能完成。通过此例，我们将会进一步熟悉曲面造型功能，结果如图 5-7 所示。

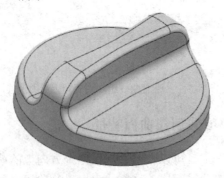

图 5-7　旋钮

基本曲面实例练习

操作步骤如下：

(1) 新建命名模型文件并进入建模环境。

(2) 在"主页"选项卡的"特征"组中单击"拉伸"按钮 ▥ ，弹出"拉伸"对话框；单击"绘制截面"按钮 ▤ ，弹出"创建草图"对话框；选择 XC-YC 基准平面作为草图平面，绘制如图 5-8 所示草图；再返回"拉伸"对话框，设置拉伸深度为 20 mm，拔模角度为 10°，输出体类型为"片体"，如图 5-9 所示。

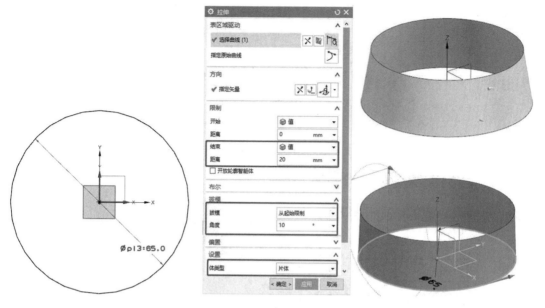

图 5-8 绘制草图 1　　　　　　　　　　图 5-9 设置拉伸参数 1

(3) 选择拔模拉伸曲面的底端边线，以此作为新曲面的截面曲线，点选"指定矢量"选项后选择-ZC 轴，在"限制"选项组下的"结束"项选择"值"，"距离"为 5，输出体类型为"片体"，最后单击"应用"按钮，完成此拉伸曲面(无拔模)的创建，如图 5-10 所示。

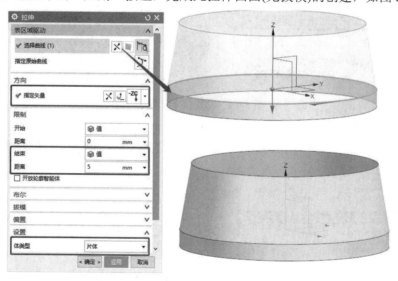

图 5-10 设置拉伸参数 2

(4) 在图形区选取基准坐标系中的 XZ 平面作为草图平面，绘制如图 5-11 所示的草图截面。选择所绘草图作为新曲面的截面曲线，在"指定矢量"选项后选择 YC 轴，在"限制"选项组下的"结束"项选择"对称值"，"距离"为 40，输出体类型为"片体"；最后单击"应用"按钮，完成拉伸曲面的创建，如图 5-12 所示。

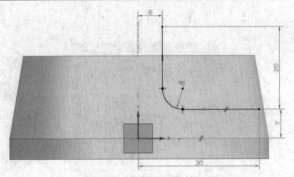

图 5-11　绘制草图 2

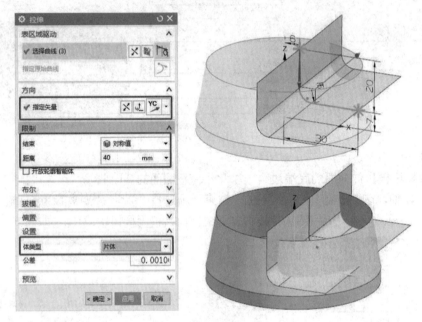

图 5-12　设置拉伸参数 3

(5) 单击"菜单"下拉按钮,依次选择"插入"→"关联复制"→"镜像几何体"命令,弹出"镜像几何体"对话框,然后将拉伸曲面镜像复制到 YZ 平面的另一侧,如图 5-13 所示。

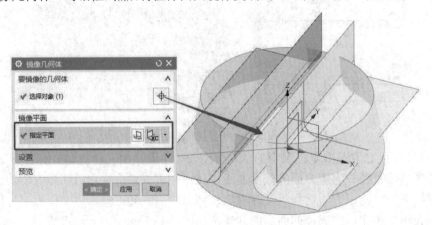

图 5-13　创建镜像特征

(6) 在"曲面"选项卡的"曲面"组的"更多"命令库中单击"有界平面"按钮，弹出"有界平面"对话框，创建如图 5-14 所示的有界平面。

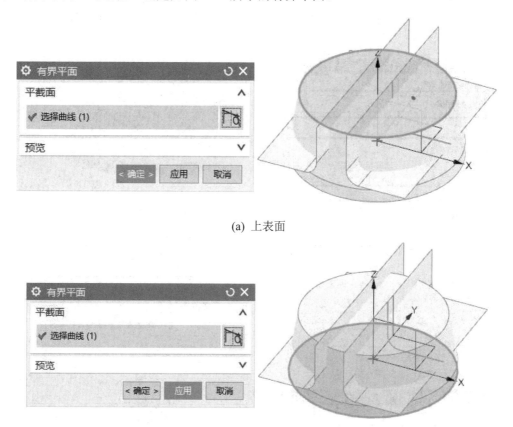

(a) 上表面

(b) 下表面

图 5-14　创建有界平面

(7) 在"曲面"选项卡的"曲面工序"组的"更多"命令库中单击"缝合"按钮，弹出"缝合"对话框。除拉伸曲面和镜像曲面外，将其余曲面缝合成整体，如图 5-15 所示。

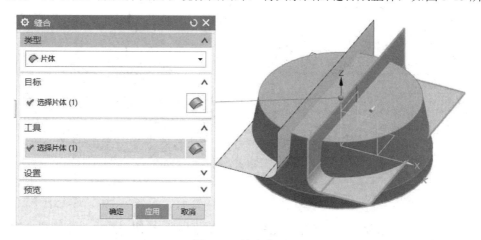

图 5-15　缝合曲面

(8) 在"曲面工序"组中单击"修剪和延伸"按钮,弹出"修剪和延伸"对话框;选择"制作拐角"类型,再选择缝合的曲面作为目标体,最后选择拉伸曲面作为工具;单击"确定"按钮,完成曲面修剪,结果如图 5-16 所示。(注意目标体与工具方向的选择)

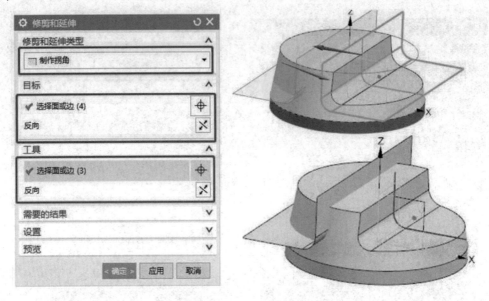

(a) 左侧修剪

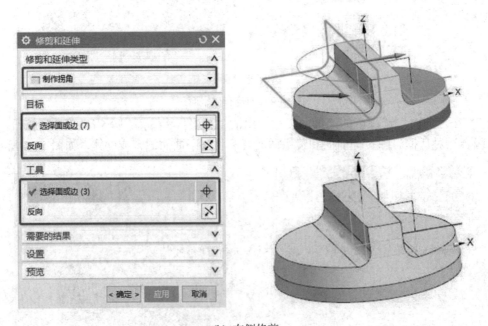

(b) 右侧修剪

图 5-16　修剪和延伸曲面

(9) 在"主页"选项卡的"特征"组中单击"边倒圆"按钮,弹出"边倒圆"对话框;创建倒圆半径为 10 mm 的圆角特征,如图 5-17 所示。

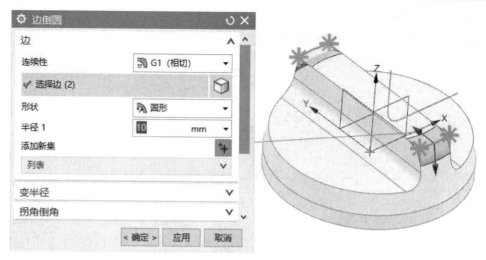

图 5-17 创建倒圆半径为 10 mm 的圆角特征

(10) 创建倒圆半径为 2 mm 的圆角特征，如图 5-18 所示。

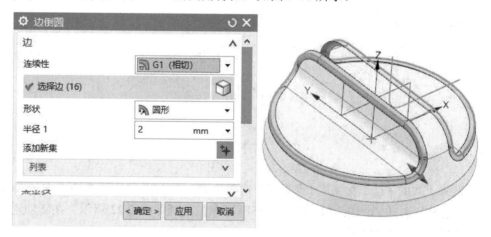

图 5-18 创建倒圆半径为 2 mm 的圆角特征

(11) 在"特征"组中单击"抽壳"按钮 ，然后选择底部平面进行抽壳，如图 5-19 所示。

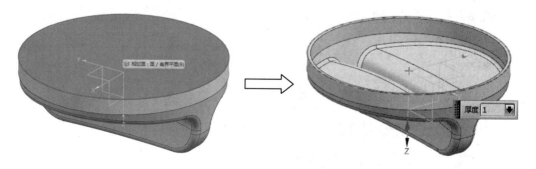

图 5-19 抽壳

至此，旋钮造型设计完成，结果如图 5-7 所示。

2. 雨伞建模实例

采用曲面建模命令绘制如图 5-20 所示的雨伞图形。

图 5-20　雨伞

(1) 新建命名模型文件并进入建模环境。

(2) 单击"绘制截面"按钮 ，弹出"创建草图"对话框；选择 XC-ZC 基准平面作为草图平面，绘制如图 5-21 所示的草图 1。

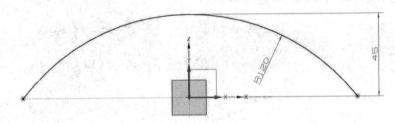

图 5-21　绘制草图 1

(3) 选择"基准平面"按钮 ，"类型"选择"成一角度"，"平面参考"选择 XC-ZC 平面，"通过轴"选择 ZC 轴，角度输入"45°"，参数选择如图 5-22 所示；在新创建的平面上绘制如图 5-23 所示草图 2。

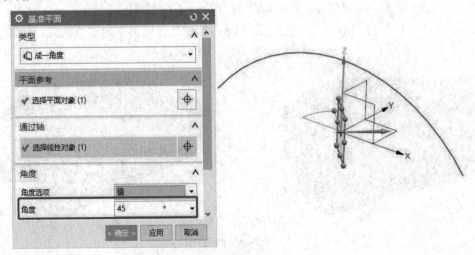

图 5-22　创建新平面

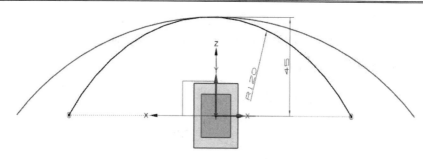

图 5-23 绘制草图 2

(4) 单击"绘制截面"按钮 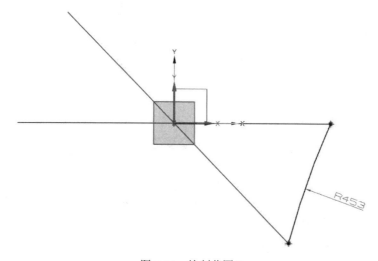，弹出"创建草图"对话框；选择 XC-YC 基准平面作为草图平面，绘制如图 5-24 所示的草图 3。

图 5-24 绘制草图 3

(5) 单击"曲线"→"点"按钮 ╋，弹出"点"对话框，创建如图 5-25 所示交点。

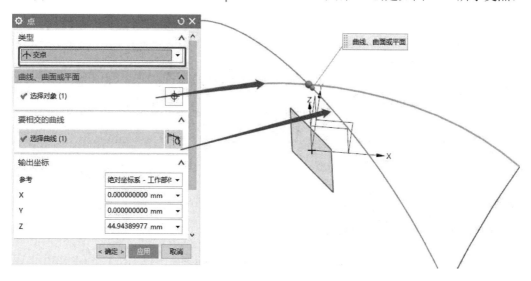

图 5-25 创建交点

(6) 单击"曲面"→"曲面"→"通过曲线网格"按钮 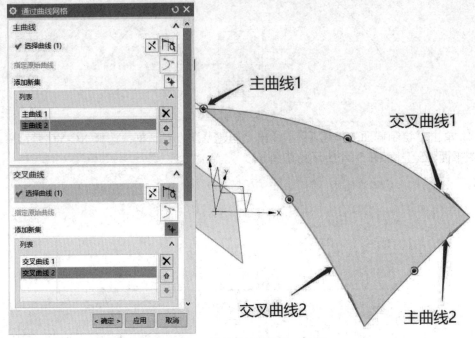，弹出"通过曲线网格"对话框，如图 5-26 所示。(注意：此处主曲线 1 选择上一步创建的交点)

图 5-26　"通过曲线网格"对话框

(7) 依次单击"主页"→"特征"→"阵列特征"按钮 ，弹出"阵列特征"对话框，参数设置如图 5-27 所示。

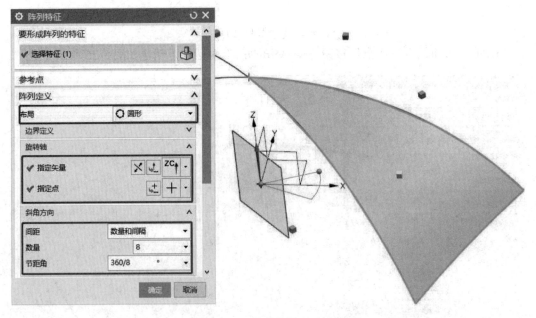

图 5-27　"阵列特征"对话框

(8) 依次单击"主页"→"特征"→"球"按钮 ，弹出"球"对话框，如图 5-28

所示。

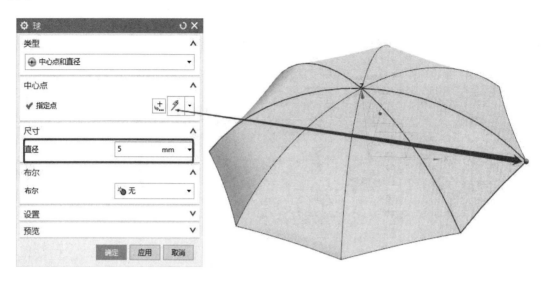

图 5-28　创建球特征

(9) 依次单击"主页"→"特征"→"阵列特征"按钮 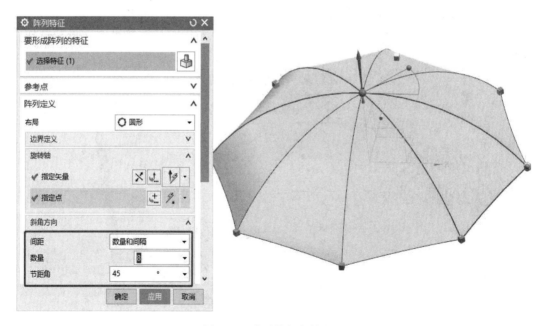，弹出"阵列特征"对话框，参数设置如图 5-29 所示。

图 5-29　阵列特征参数设置

(10) 依次单击"主页"→"特征"→"旋转"按钮，弹出"旋转"对话框，进入草图绘制环境；选择 XZ 平面作为基准平面，绘制如图 5-30 所示草图 4；在"旋转"对话框中，"指定矢量"选择"ZC"轴，布尔运算选择"无"，完成草图 4 旋转，如图 5-31 所示。

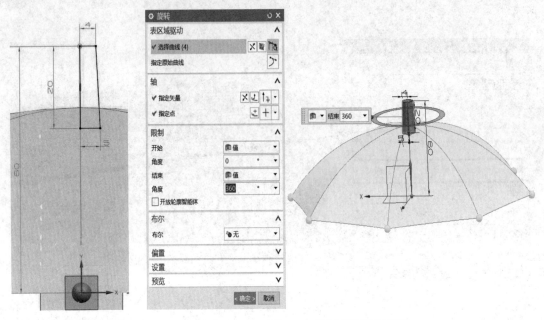

图 5-30　绘制草图 4　　　　　　　　　　　　　图 5-31　旋转特征参数设置

　　(11) 依次单击"主页"→"特征"→"旋转"按钮 🔩，弹出"旋转"对话框，进入草图环境；选择 XZ 平面作为基准平面，绘制如图 5-32 所示草图 5；在"旋转"对话框中，"指定矢量"选择"ZC"轴，布尔运算选择"合并"，完成草图 5 旋转，如图 5-33 所示。

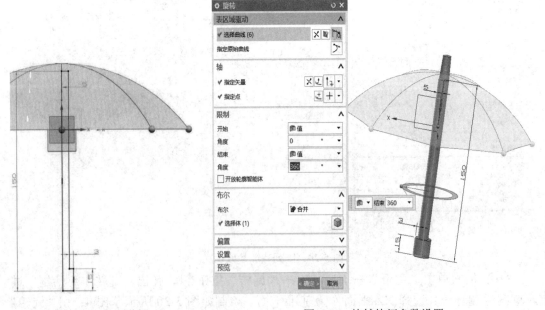

图 5-32　绘制草图 5　　　　　　　　　　　　　图 5-33　旋转特征参数设置

　　(12) 依次单击"主页"→"特征"→"边倒圆"按钮 📦，弹出"边倒圆"对话框，分别对上顶面和下底面进行倒圆角，具体位置及边倒圆参数设置如图 5-34 所示。

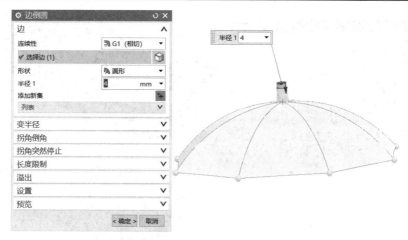

(a) 上顶面倒 R4 圆角

(b) 下底面倒 R7 圆角

图 5-34 倒圆角

至此，雨伞造型设计完成，结果如图 5-20 所示。

曲面操作

5.2 任务 22：曲面操作

曲面操作的典型方法有延伸曲面、规律延伸、轮廓线弯边、偏置曲面、修剪片体、修剪和延伸、分割面、曲面加厚、曲面缝合与取消缝合等。下面将介绍曲面操作的几种常用方法。

5.2.1 延伸曲面

使用"延伸曲面"工具条，可以从基本片体(简称基面)创建延伸片体。使用该方法创建曲面，通常需要用户指定曲面作为基面，然后根据指定的延伸方式来延伸基面。

打开"5.2.1.prt"素材文件，依次单击"曲面"→"更多"→"延伸曲面"按钮，弹出"延伸曲面"对话框，如图 5-35 所示。

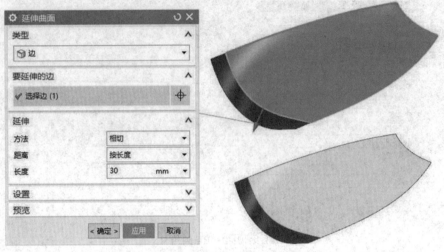

图 5-35　　"延伸曲面"对话框

5.2.2　偏置曲面

　　使用"偏置曲面"工具命令，可以通过偏置一组面创建体，偏置的距离可以是固定的数值，也可以是一个变化的数值。

　　打开"5.2.2.prt"素材文件，依次单击"曲面"→"曲面操作"→"偏置曲面"按钮，弹出"偏置曲面"对话框，如图 5-36 所示。

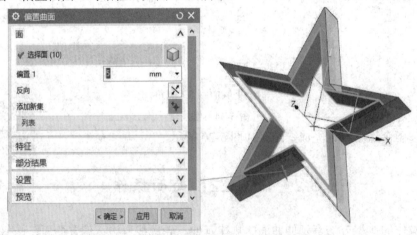

图 5-36　　"偏置曲面"对话框

5.2.3　修剪片体、修剪和延伸

1. 修剪片体

　　修剪片体命令可以同时修剪多个片体。该命令的输出是分段的，并且允许创建多个最终的片体。修剪的片体在选择目标片体时，鼠标的位置同时也指定了区域点。如果曲线不在曲面上，可以不再进行投影操作，在修剪的片体命令内部可以设置投影矢量。

　　打开"5.2.2.prt"素材文件，依次单击"曲面"→"曲面操作"→"修剪片体"按钮，弹出"修剪片体"对话框；移动鼠标到绘图区，选择要修剪的片体，单击边界对象的"选择对象"按钮，选择对象，例如曲线、边缘、片体、基准平面等；单击"确定"按钮，即退出"修剪片体"对话框。如图 5-37 所示。

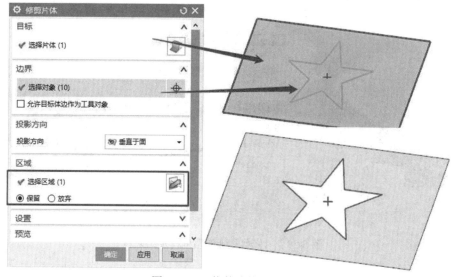

图 5-37　"修剪片体"对话框

2. 修剪和延伸

修剪和延伸命令是指按距离或与一组面的交点方式来修剪或延伸曲面。在"曲面"选项组中单击"修剪和延伸"按钮 ，打开"修剪和延伸"对话框，如图 5-38 所示。该对话框包含直至选定对象和制作拐角两种修剪和延伸类型，主要用于修剪曲面。

图 5-38　"修剪和延伸"对话框

1) 直至选定对象

直至选定对象类型是指修剪曲面至选定的参照对象，如面或边等。应用此类型来修剪曲面，修剪边界无须超过目标体。

2) 制作拐角

制作拐角类型是指修剪边界无须完全包容目标体，其会自动将修剪边界进行延伸，以使目标体被修剪。

打开"5.2.3.prt"素材文件，依次单击"曲面"→"曲面操作"→"修剪和延伸"按钮 ⬛️修剪和延伸，弹出"修剪和延伸"对话框；移动鼠标到绘图区，"目标"选择要延伸的边，"工具"选择要延伸的平面边界对象；单击"确定"按钮，退出"修剪和延伸"对话框，如图 5-39 所示。

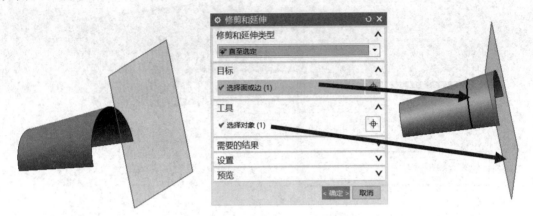

图 5-39　"修剪和延伸"过程及结果

5.2.4　分割面

曲面操作时，使用"分割面"命令，可以用曲线、面或基准平面将一个面分割成多个面。要创建分割面特征，可以单击"曲面"选项卡中"曲面操作"功能区里的"更多"按钮，在下拉列表中找到"分割面"按钮 ◈ 分割面，或者选择菜单按钮"插入"→"修剪"→"分割面"命令。下面以一个简单实例来说明操作方法。

打开"5.2.4.prt"素材文件，单击选项卡的"曲面"→"曲面操作"→"更多"→"分割面"，弹出"分割面"对话框，如图 5-40 所示；选择上表面作为要分割的面，"分割对象"选项组的"工具选项"下拉列表中选择"对象"，之后选择上表面的 S 曲线作为分割对象，"投影方向"选项组中设置为"垂直于面"；单击"确定"按钮，退出"分割面"对话框，完成实体上表面的分割。

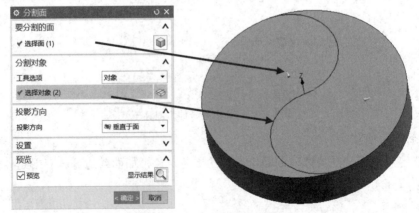

图 5-40　"分割面"对话框

在"类型过滤器"中选择"面"，鼠标单击上表面，原先完整的圆沿曲线被划分为两个面，如图 5-41 所示。

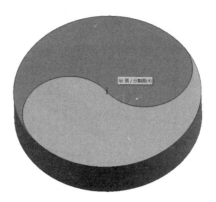

图 5-41　　"分割面"结果

5.2.5　曲面加厚

使用"加厚"工具命令，可以将一个或多个相连曲面或片体偏置为实体，也可以通过为一组面增加厚度来创建实体。

打开"5.2.5.prt"素材文件，依次单击"曲面"→"曲面操作"→"加厚"按钮 ，弹出"加厚"对话框；"选择面"选择上表面，"厚度"选项组下"偏置 1"输入 10，"偏置 2"输入 0；单击"确定"按钮，即退出"加厚"对话框。如图 5-42 所示。

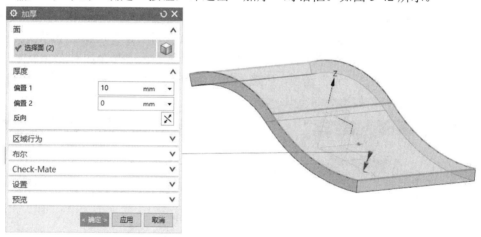

图 5-42　　"加厚"对话框

5.2.6　曲面缝合与取消缝合

使用"缝合"工具命令，可以通过将公共边缝合在一起来组合片体，或者通过缝合公共面来组合实体。通过缝合闭合片体是生成实体的一种典型思路。

1. 曲面缝合

(1) 打开"5.2.6.prt"素材文件，依次单击"曲面"→"曲面操作"→"缝合"按钮 ，弹出"缝合"对话框；选择目标体(目标体只有一个)，再选择一个或多个片体作为工具片体。

(2) 在"设置"选项组中选中"输出多个片体"复选框或取消选中"输出多个片体"

复选框，并设置合适的缝合公差值。如果缝合公差值较小，系统将会弹出一个对话框，提示尝试用更大的缝合公差值，如图 5-43 所示。

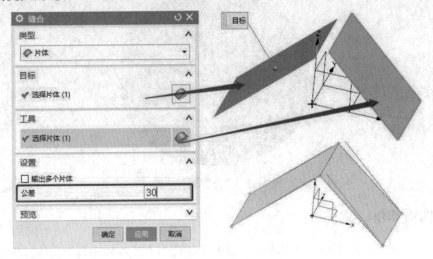

图 5-43　"缝合"对话框

2. 取消缝合

(1) 打开 "5.2.6.prt" 素材文件，依次单击 "曲面" → "曲面操作" → "更多" → "取消缝合" 按钮，弹出 "取消缝合" 对话框。

(2) 从 "工具" 选项组的 "工具选项" 下拉列表框中选择 "面" 选项或 "边" 选项：如果选择 "面" 选项，则选择要从片体取消缝合的面，并在 "设置" 选项组中可以设置 "保持原先的"，从 "输出" 选项组中选择 "相连面对应一个体" 或 "每个面对应一个体"，如图 5-44(a)所示；如果选择 "边" 选项，则选择边以拆分体，并在 "设置" 选项组中可以设置是否 "保持原先的"，如图 5-44(b)所示。

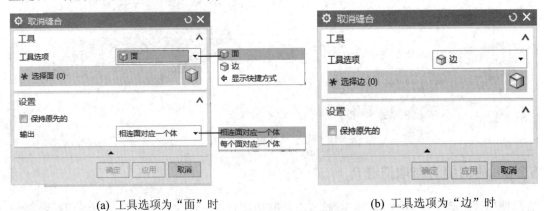

(a) 工具选项为 "面" 时　　　　　　　　　(b) 工具选项为 "边" 时

图 5-44　"取消缝合"对话框

5.2.7　实例练习

下面通过一个具体实例(风车)练习曲面建模命令。

操作步骤如下：

(1) 新建命名模型文件并进入建模环境。

(2) 绘制矩形。单击"曲线"组中的"矩形"按钮▢，选取原点为起点，绘制长为50、宽为50的矩形，如图5-45所示。

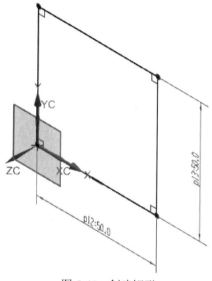

图5-45　创建矩形

(3) 倒圆角。依次单击"曲线"→"直接草图"→"倒圆角"按钮▔，单击"修剪"按钮▨，再单击"创建备选圆角"方式▨，依次选取上、下两条边，再选择沿YC轴上的边，即可完成R25倒圆角。删除多余一边，并单击即完成草图绘制，结果如图5-46所示。

(4) 创建有界平面。在菜单栏中依次选择"插入"→"曲面"→"有界平面"命令，弹出"有界平面"对话框；选取曲线，单击"确定"按钮，即完成有界平面的创建，如图5-47所示。

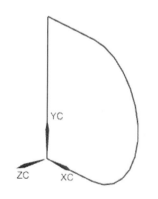

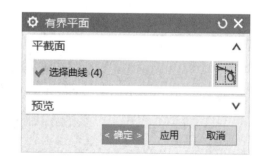

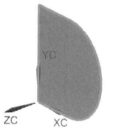

图5-46　创建倒圆角　　　　　　　　　图5-47　创建有界平面

(6) 规律延伸。依次点选"插入"→"弯边曲面"→"规律延伸"命令，弹出"规律延伸"对话框；选取要延伸的曲面的边，再选取参考面为有界平面，规律类型为线性，在5～150之间变化，角度为90°；单击"确定"按钮，如图5-48所示。

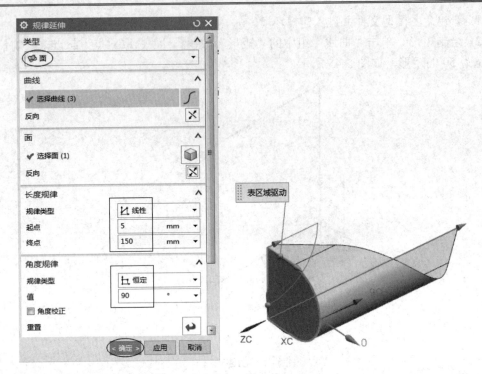

图 5-48　规律延伸

(7) 旋转复制。在菜单栏中依次点选"编辑"→"移动对象"命令，选取要移动的对象，单击"确定"按钮，即弹出"移动对象"对话框；设置运动类型为角度，指定旋转矢量和轴点，输入旋转角度"90°"和非关联副本数"3"；单击"确定"按钮，即完成移动操作，如图 5-49 所示。

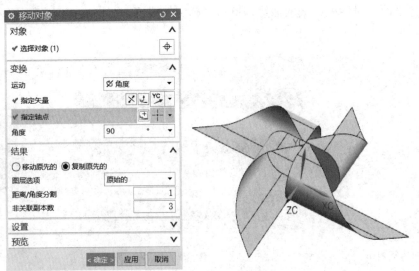

图 5-49　旋转复制风车曲面

至此，完成了风车的造型建模。

5.3 实例 23：编辑曲面特征

5.3.1 变换曲面

变换曲面命令可以在各坐标轴上对片体进行缩放、旋转和平移，通过滑块能灵活实时地编辑片体。注意：变换命令一次只能编辑一个单一片体。

在"编辑曲面"组中单击"变换曲面"按钮，弹出"变换曲面"对话框，如图 5-50 所示。

图 5-50　"变换曲面"对话框

5.3.2 四点曲面

四点曲面命令，即在空间中指定四点创建曲面，其中四点的位置只要不在同一直线上即可。四点曲面是一种典型的直纹面，指定点时的规则为逆时针方向，通过点构造器完成点的指定。

打开"5.3.2.prt"素材文件，依次单击"曲面"→"曲面"→"四点曲面"按钮 ，弹出"四点曲面"对话框，如图 5-51 所示。

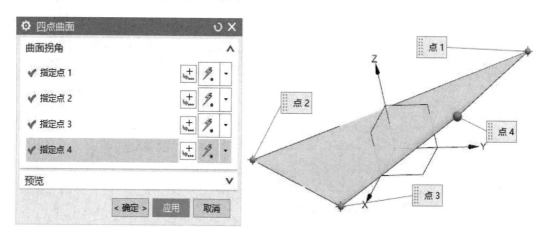

图 5-51　"四点曲面"对话框

5.3.3　有界平面

有界平面命令是通过在平面内的封闭边界来创建填充曲面。

打开"5.3.3.prt"素材文件，依次单击"曲面"→"更多"→"有界平面"按钮 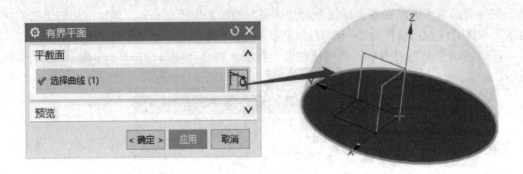，弹出"有界平面"对话框，如图 5-52 所示。

图 5-52　"有界平面"对话框

5.3.4　N 边曲面

N 边曲面命令是创建一组端点相连曲线封闭的曲面。在"曲面"组上单击"N 边曲面"按钮，弹出"N 边曲面"对话框。N 边曲面类型分为"已修剪"和"三角形"两类。

打开"5.3.4.prt"素材文件，依次单击"曲面"→"更多"→"网格曲面"→"N 边曲面"按钮 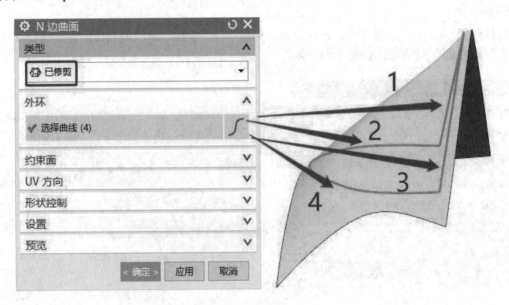，弹出"N 边曲面"对话框，类型选择"已修剪"，如图 5-53(a)所示。同理，打开"5.3.4.prt"素材文件，类型选择"三角形"，如图 5-53(b)所示。

(a)

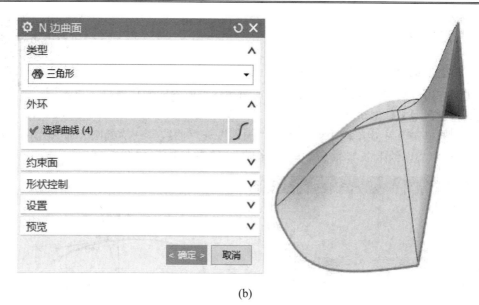

(b)

图 5-53　"N 边曲面"对话框

5.3.5　艺术曲面

艺术曲面命令结合了通过曲线组、通过曲线网格、扫掠等命令的特点，可以创建各种造型的曲面。艺术曲面选择的曲线较灵活，可以是 2 条、3 条，甚至更多。设置面连续性可以从 G0～G2，一共是 4 个约束。

打开"5.3.5.prt"素材文件，依次单击"曲面"→"艺术曲面"按钮 ，弹出"艺术曲面"对话框，如图 5-54 所示。

图 5-54　"艺术曲面"对话框

5.3.6 实例练习

1. N 边曲面实例

曲面编辑

通过本实例的学习，熟悉 N 边曲面、曲面缝合等命令的操作要点。

(1) 新建模型文件，进入建模环境。

(2) 绘制椭圆。在菜单栏中依次点选"插入"→"曲线"→"椭圆"命令 ⊙ ，选取原点为椭圆中心，绘制长半轴为 50、短半轴为 30 的椭圆，如图 5-55 所示。

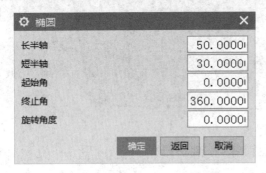
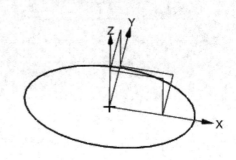

图 5-55　绘制椭圆

(3) 创建拉伸曲面。在"特征"组中单击"拉伸"按钮，弹出"拉伸"对话框；选取上一步绘制的椭圆，指定矢量，拔模角度为-20°，拉伸体类型为片体，如图 5-56 所示。

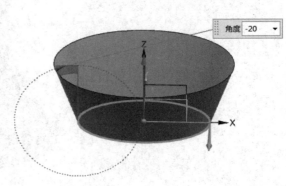

图 5-56　创建拉伸曲面

（4）绘制圆弧。在"曲线"组中单击"圆弧"按钮 ，弹出"圆弧/圆"对话框；设置支持平面，起点为(-80，0，35)，终点为(80，0，45)，中点为(5，0，35)，结果如图 5-57 所示。

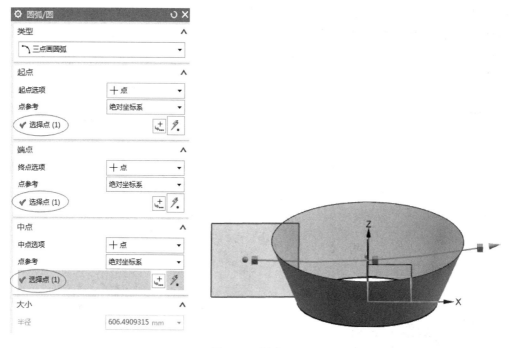

图 5-57　创建圆弧

（5）修剪片体。单击"修剪片体"按钮 ，弹出"修剪片体"对话框；选取曲面为目标片体，再选取圆弧为边界对象，投影方向沿指定的矢量；单击"确定"按钮，即完成修剪，结果如图 5-58 所示。

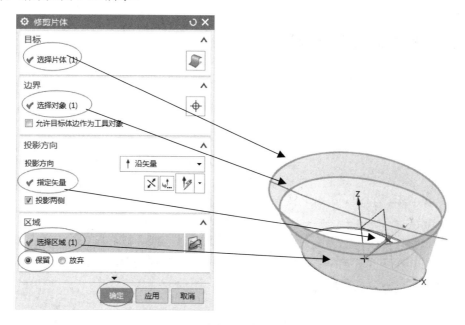

图 5-58　修剪片体

　　(6) N 边曲面。依次单击"插入"→"网格曲面"→"N 边曲面"命令，弹出"N 边曲面"对话框；选取类型为"已修剪"，选取修剪曲面的边，勾选"修剪到边界"复选框，如图 5-59 所示。

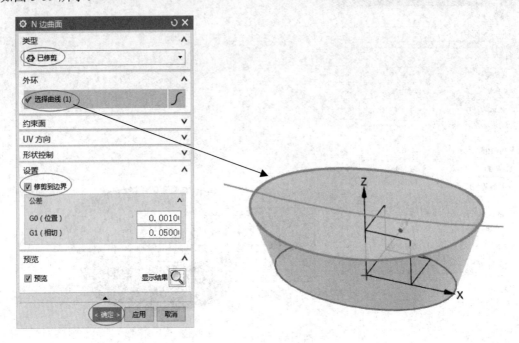

图 5-59　创建 N 边曲面

　　(7) 曲面填充。依次选择菜单栏中的"插入"→"曲面"→"填充曲面"命令，弹出"填充曲面"对话框，如图 5-60 所示；在边界中选择底面的边界线，底面边界线内部被填充为平整的面。

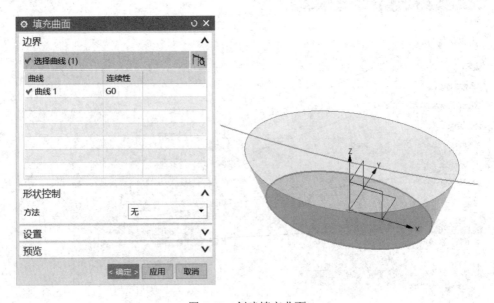

图 5-60　创建填充曲面

(8) 曲面缝合。在菜单栏中依次选择"插入"→"组合"→"缝合"命令，弹出"缝合"对话框；选取目标片体，再选取工具片体，单击"确定"按钮完成缝合。

(9) 边倒圆。单击"边倒圆"按钮 🔲，弹出"边倒圆"对话框；选取要倒圆角的边，输入倒圆角半径值为 5 后单击"确定"按钮，结果如图 5-61(a)所示。

(10) 隐藏曲线。按快捷键 Ctrl + W，弹出"显示和隐藏"对话框，单击曲线栏中的"—"即可将所有曲线隐藏，结果如图 5-61(b)所示。

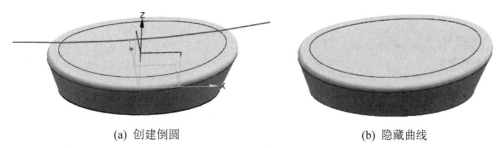

(a) 创建倒圆   (b) 隐藏曲线

图 5-61 创建倒圆和隐藏曲线

2. 有界平面实例

通过本实例的学习，熟悉有界平面、曲面缝合等命令的操作要点。

(1) 新建模型文件，进入建模环境。

(2) 绘制矩形。单击"曲线"选项卡的"曲线"组中的"矩形"按钮 ▢，输入矩形对角坐标点，绘制长为 50、宽为 50 的矩形。

(3) 创建拉伸曲面。在"特征"组中单击"拉伸"按钮 📖，弹出"拉伸"对话框；选取上一步绘制的矩形，指定矢量，拉伸体类型为片体，结果如图 5-62 所示。

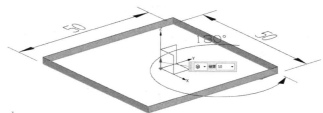

图 5-62 创建拉伸曲面

(4) 拔模偏置曲线。依次单击"插入"→"派生曲线"→"偏置"命令，弹出"偏置曲线"对话框；选择偏置类型为"拔模"，选取拉伸曲面上四条边框线为要偏置的直线，再输入偏置高度和角度，如图 5-63 所示。

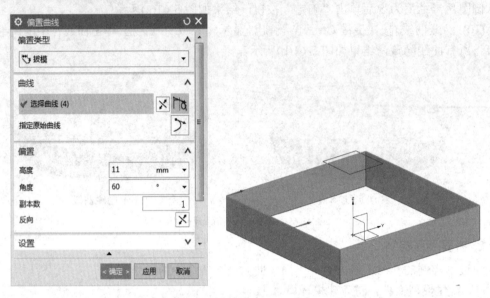

图 5-63　创建拔模偏置曲线

(5) 连接矩形各边中点。依次点选"插入"→"曲线"→"基本曲线"命令，弹出"基本曲线"对话框；选择类型为"直线"，选取上一步偏置曲线的中心创建 4 条连接直线，如图 5-64 所示。

(6) 绘制直线。依次点选"插入"→"曲线"→"基本曲线"命令，弹出"基本曲线"对话框；选择类型为"直线"，选取如图所示各点创建连接直线，结果如图 5-65 所示。

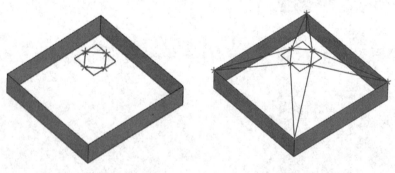

图 5-64　创建直线连接　　　　　　图 5-65　绘制直线

(7) 绘制有界平面。依次单击"插入"→"曲面"→"有界平面"命令，弹出"有界平面"对话框；选取曲线，单击"确定"按钮，完成有界平面的绘制，结果如图 5-66 所示。

(8) 创建其他有界平面。依次单击"插入"→"曲面"→"有界平面"命令，弹出"有界平面"对话框；采取上一步的方法，完成其他有界平面的创建，单击"确定"按钮，完成所有有界平面的创建，结果如图 5-67 所示。

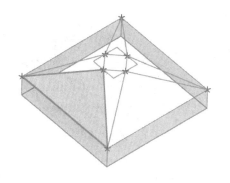
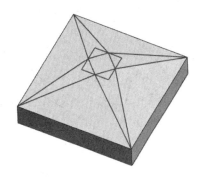

图 5-66 绘制有界平面   图 5-67 创建有界平面

(9) 曲面缝合。依次单击"插入"→"组合"→"缝合"命令，弹出"缝合"对话框；先选取其中一个曲面作为目标片体，再选取其他所有曲面作为工具片体；单击"确定"按钮，完成缝合，结果如图 5-68 所示。

(10) 隐藏曲线。按快捷键 Ctrl + W，弹出"显示和隐藏"对话框；单击曲线栏中的"—"，即可将所有的曲线隐藏，结果如图 5-69 所示。

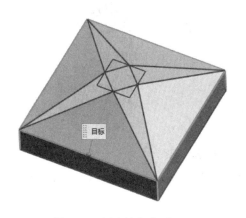
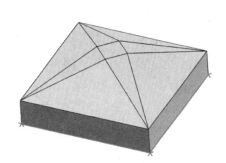

图 5-68 创建缝合曲面   图 5-69 隐藏曲线

小   结

常规类型曲面就是常用的拉伸、旋转、扫掠等，这些曲面工具是产品造型的最基本曲面工具。对于产品外形或结构比较复杂的设计，会经常使用 UG NX 的网格曲面功能。网格曲面功能包括直纹、通过曲线组、通过曲线网格、艺术曲面等。

练   习   题

1. 如图 5-70 所示为异形面壳体线架的三维曲线，请根据要求完成其曲面建模。

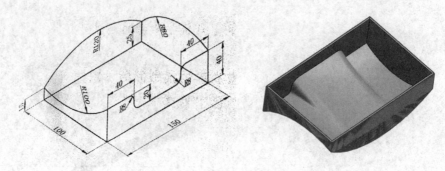

图 5-70　异形面壳体线架的三维曲线

2. 如图 5-71 所示为咖啡壶线架的三维曲线，请按要求完成其曲面建模。

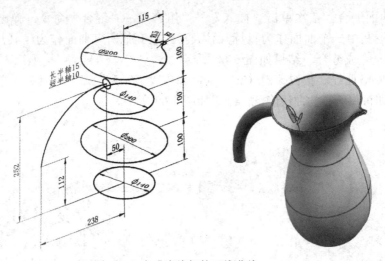

图 5-71　咖啡壶线架的三维曲线

3. 创建如图 5-72 所示的中空瓶三维模型和二维尺寸图，请按要求完成其曲面建模。

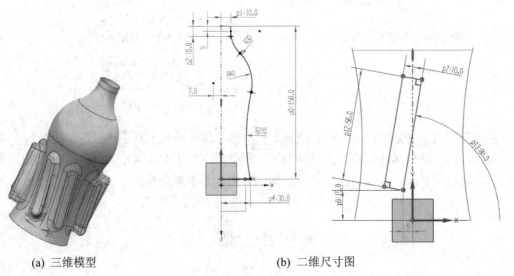

(a) 三维模型　　　　　　　　(b) 二维尺寸图

图 5-72　中空瓶

项目六 装配设计

 学习目的

产品设计离不开装配设计。通常一个产品是由一个或若干个零件或部件组成的，当所有零件的三维模型创建完成后，需要将这些零件或部件按照一定的约束关系或连接方式组合到一起，以构成一个完整的产品或部件，这就是最基本的传统装配设计。当然，用户也可以在装配设计中新建元件并设计元件特征等。

通过对本项目的学习，可以了解并掌握零件装配的基本方法和一般流程，以及怎样建立装配体的爆炸图。

 学习要点

(1) 基本装配约束。利用装配约束，可以指定一个元件相对于装配体中其他元件的放置方式和位置。

(2) 装配体的创建。通过指定各零件之间的装配约束关系来建立装配体。

(3) 装配爆炸图。将装配体分离开来，生成爆炸图，以便更清楚地看到装配体内部各零件的详细情况。

滑动轴承的装配

思政目标

(1) 在装配设计中，分组完成作业，培养学生的团队合作意识，勇于克服困难，并提高学生的动手能力。

(2) 培养学生严谨细致、不怕失败的钻研精神，以及持之以恒的工作态度和爱岗敬业的工匠情怀。

6.1 任务24：装配体的创建——滑动轴承组件装配

图 6-1 为滑动轴承的组成零件：轴承座、轴衬、油杯、杯盖以及装配图。本任务是通过将这些零件组装成滑动轴承组件来说明装配设计的一般操作过程。

(a) 轴承座　　　　(b) 轴衬　　　　(c) 油杯　　　　(d) 杯盖　　　　(e) 滑动轴承

图 6-1　滑动轴承的组件及装配图

6.1.1　认识装配设计界面

1. 建立装配文件

(1) 单击工具栏中的"新建" 📄 图标，弹出"新建"对话框，如图 6-2 所示。

(2) 在"模型"选项卡的"模板"对话框中选中 装配 模板，在"名称"文本框中输入文件名：滑动轴承.prt，将保存文件夹设置为 C:\Users\lenovo\Desktop\xm6\xm6-1\，单击"确定"按钮。

(3) 系统进入装配环境，并自动弹出"添加组件"对话框，如图 6-3 所示。

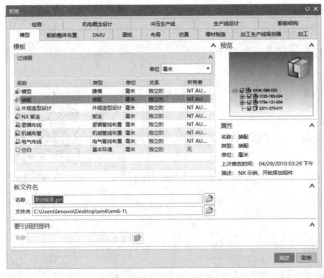

图 6-2　"新建"对话框　　　　　　　　图 6-3　"添加组件"对话框

2. 装配轴承座零件

(1) 在"添加组件"对话框中单击"打开"按钮 📂，在"打开"对话框中选择轴承座，然后单击"OK"按钮。

(2) 定义轴承座的位置，在"添加组件"对话框中"位置"区域的"装配位置"中选择"绝对坐标系-工作部件"选项。

(3) 定义轴承座的约束，在"放置"区域中选择 ⦿移动 ○约束，在"约束类型"中选择固定约束，然后在"要约束的几何体"中选择轴承座。

(4) 单击"应用"按钮，完成轴承座的装配，结果如图 6-4 所示。

图 6-4　轴承座的装配结果

3. "添加组件"对话框中各选项功能

(1) "要放置的部件"区域可用于添加部件或者选择已添加的部件。UG 提供了两种添加部件的方法：一种为按照之前所述方式添加；另一种方式是打开"已加载的部件"，其中已加载好全部装配部件，可以直接选择使用。

① "打开"：单击"打开"按钮 🗁，可以选择要添加的部件。

② "保持选定"：在单击"应用"按钮之后选择保持部件，从而可在下一个添加操作中快速添加同样的部件。

③ "数量"：用来设置重复装配的部件的数量。

(2) "位置"区域可用于设置添加的部件在装配中的位置。

① "组件锚点"：列出可能的锚点，绝对坐标系是组件的绝对原点，也可自己创建锚点。

② "装配位置"：用于选择组件锚点在装配中的初始放置位置。

- 捕捉：根据装配方位和光标位置选择放置面。
- 绝对坐标系-工作部件：组件锚点放置在工作部件的绝对原点处。
- 绝对坐标系-显示部件：组件锚点放置在显示部件的绝对原点处。
- WCS：组件锚点放置在当前工作坐标系位置和方向上。

③ "循环定向"：用于根据装配位置设置指定不同的组件方向。

- 重置↩：重置对齐位置和方向。
- WCS ⤵：将组件定向至工作坐标系，仅方向匹配。
- 反向 ✗：反转组件锚点的 Z 方向。
- 旋转 ✗：绕 Z 轴将组件从 X 轴向 Y 轴旋转 90°。

(3) "放置"区域用于移动或者约束组件位置。

① "放置类型"-移动：用于通过"点"对话框或者坐标系操控器指定部件的方向。

- 指定方位：用于选择组件的放置点。
- 只移动手柄：用于重定位坐标系操控器，而不重新定位选定的对象。

② "放置类型"-约束：用于通过装配约束放置部件。

- 约束类型：用于选择要施加的约束类型。
- 要约束的几何体：用于指定约束的方位和方向，并选择要约束的面和中心线。

(4) "设置"区域用于设置部件的名称、引用集和图层选项等。

① "启用的约束"：控制显示在约束类型列表中的约束。

② "分散组件"：可自动将组件放置在各个位置，以使组件不重叠。

③ "保持约束"：创建用于放置组件的约束。可以在装配导航和约束导航器中选择

这些约束。

④ "预览"：在图形窗口中显示组件的预览。

⑤ "启用预览窗口"：在单独的组件预览窗口中显示组件的预览。

⑥ "名称"：用于为要添加的组件指定替换组件名称，选择单个组件进行添加时可用。

⑦ "引用集"：设置已添加组件的引用集。

⑧ "图层选项"：设置要向其中添加组件和几何体的图层。

⑨ "图层"：设置要添加组件和几何体的图层。

6.1.2　装配滑动轴承组件

1. 装配油杯零件

(1) 在"添加组件"对话框中单击"打开"按钮 📂，在"打开"对话框中选择油杯，然后单击"OK"按钮。

(2) 定义油杯的位置，在"添加组件"对话框的"位置"区域的"装配位置"中选择"绝对坐标系-工作部件"选项。

(3) 定义油杯约束，在"放置"区域中选择 ⦿移动 ○约束 选项，在装配区选择油杯，并将其移动到合适装配的位置。

① 添加对齐约束：在"放置"区域中选择 ⦿移动 ○约束，在"约束类型"中选择接触对齐约束 ⊮⧵，在"要约束的几何体"中选择"对齐"，在装配区选择如图 6-5 所示的油杯中的轴 1 及轴承座中的轴 2。

② 添加接触约束：在"约束类型"中选择接触对齐约束 ⊮⧵，在"要约束的几何体"中选择接触，在装配区选择如图 6-6 所示的油杯中的面 1 及轴承座中的面 2。

(4) 单击"应用"按钮，完成油杯的装配，结果如图 6-7 所示。

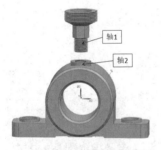

图 6-5　添加对齐约束　　　　图 6-6　添加接触约束　　　　图 6-7　油杯的装配结果

2. 装配杯盖零件

(1) 在"添加组件"对话框中单击"打开"按钮 📂，在"打开"对话框中选择杯盖，然后单击"OK"按钮。

(2) 定义杯盖的位置，在"添加组件"对话框的"位置"区域的"装配位置"中选择"绝对坐标系-工作部件"选项。

(3) 定义杯盖约束，在"放置"区域中选择 ⦿移动 ○约束，在"设置"区域的"互动选项"中选择"启用预览窗口"，系统会自动弹出组件预览窗口并在其中显示杯盖，单击 ⦿移动 ○约束 选项，在组件预览窗口中将杯盖移动到合适安装的位置。

① 添加对齐/锁定约束：在"放置"区域中选择⦿移动 ○约束，在"约束类型"中选择对齐/锁定约束 ，在组件预览窗口中选择如图 6-8 所示的杯盖中的轴 1 及主窗口中的油杯中的轴 2。

② 添加距离约束：在"约束类型"中选择距离约束 ，在"要约束的几何体"中选择如图 6-9 所示的杯盖上表面面 1 及油杯的上表面面 2，在"距离"文本框中输入距离为 10。

(4) 单击"应用"按钮，完成杯盖零件的装配，结果如图 6-10 所示。

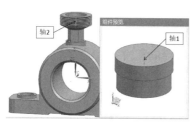  

图 6-8　添加对齐/锁定约束　　　　图 6-9　添加距离约束　　　图 6-10　杯盖的装配结果

3. 装配轴衬零件

(1) 在"添加组件"对话框中单击"打开"按钮 ，在"打开"对话框中选择轴衬，然后单击"OK"按钮。

(2) 定义轴衬的位置，在"添加组件"对话框的"位置"区域的"装配位置"中选择"绝对坐标系-工作部件"选项。

(3) 定义轴衬约束，在"放置"区域中选择⦿移动 ○约束选项，在装配区选择轴衬，将其移动到合适装配的位置。

① 添加对齐/锁定约束：在"放置"区域中选择⦿移动 ○约束，在"约束类型"中选择对齐/锁定约束 ，在装配区选择如图 6-11 所示的轴衬中的轴 1 及轴承座中的轴 2。

② 添加接触约束：在"约束类型"中选择接触对齐约束 ，在"要约束的几何体"中选择接触，在装配区选择如图 6-12 所示的杯盖中的面 1 及轴承座中的面 2。

③ 添加角度约束：在"约束类型"中选择角度约束 ，在"子类型"中选择 3D，在装配区选择如图 6-13 所示的轴衬的轴 1 及轴承座的轴 2，然后在"角度"文本框中输入 180°。

(4) 单击"应用"按钮，完成轴衬的装配。

图 6-11　添加对齐/锁定约束　　　图 6-12　添加接触约束　　　图 6-13　添加角度约束

至此，滑动轴承组件装配完成，共计 4 个零件，如图 6-14 所示。

图 6-14　滑动轴承的装配结果

4. 保存装配文件

单击工具栏中的"保存"图标 ，系统会按照装配目录存储文件。

6.2　任务 25：装配约束

使用约束来进行组件的装配是常用的装配方式，若要使用此方式将组件完全定位在装配中，通常需要指定 1～3 个约束条件来约束。将每个组件添加到装配时，应考虑它需要什么约束才能在装配中置于正确的位置。不是所有的组件都要被完全约束。

UG NX 12.0 系统提供的约束条件共有 11 种，详见表 6-1 所示。

表 6-1　各种约束条件及功能说明

序 号	图 标	名 称	功 能 说 明
1		接触对齐	约束两个对象，以使它们相互接触或对齐
2		同心	约束两条圆边或椭圆边，以使中心重合并使边的平面共面
3		距离	指定两个对象之间的 3D 距离
4		固定	将对象固定在其当前位置
5		平行	将两个对象的方向矢量定义为相互平行
6		垂直	将两个对象的方向矢量定义为相互垂直
7		对齐/锁定	对齐不同对象中的两个轴，同时防止绕公共轴旋转
8	=	配合	约束半径相同的两个对象
9		胶合	将对象约束到一起，以使它们作为刚体移动
10		中心	使一个或两个对象处于一对对象的中间位置，或者使一对对象沿着另一对象处于中间位置
11		角度	指定两个对象(可绕指定轴)之间的角度

1. 接触对齐约束

接触对齐约束：该约束可约束两个组件，使它们彼此接触或对齐。接触对齐是最常用的约束，使用时可以指定需要接触约束还是对齐约束，或者可以使用首选接触方向让系统自动判断约束类型。

首选接触：当接触和对齐都可能时，显示接触约束；当接触约束过度约束装配时，显示对齐约束。

注：在大多数模型中，接触约束较对齐约束更为常用。

接触：该选项可约束对象，使其曲面法向在反方向上。

对齐：该选项可约束对象，使其曲面法向在相同的方向上。

自动判断中心/轴：在选择圆柱面、圆锥面或球面或圆边时，UG 系统将自动使用对象的中心或轴作为约束。

2. 同心约束

同心约束可使两条圆边或椭圆边的中心重合，并使边的平面共面。

3. 距离约束

距离约束可指定两个对象之间的最小 3D 距离。当选择该约束时，可在激活的距离文本框中直接输入数值即可。

如果在两条边、两个点或一条边和一个点之间创建距离约束，则正值和负值视作相同。在上述情况中，由于可以在求解约束的同时连续地将这些几何体从一侧移到另一侧，因此 UG 系统不识别负符号。对于上述情况，从动距离约束极值以及距离约束值与符号无关，而对于面等其他类型的几何体，则可以识别负值。

4. 固定约束

固定约束可将对象固定在其当前位置。

在需要隐含的静止对象时，固定约束会很有用。如果没有固定的节点，则整个装配可以自由移动。第一个装配组件大部分都会使用固定约束。

5. 平行约束

平行约束可将两个对象的方向矢量定义为相互平行。

6. 垂直约束

垂直约束可将两个对象的方向矢量定义为相互垂直。

7. 对齐/锁定约束

对齐/锁定约束可对齐不同对象中的两个轴，同时还可防止绕公共轴旋转。例如，使用该约束可以使选定的两个圆柱面的中心线对齐，或者使选定的两个圆边共面且中心对齐。

8. 配合约束

配合约束可约束半径相同的两个对象。例如，圆边、椭圆边、圆柱面或球面，如果以后半径变为不相等，则该约束无效。配合约束可将销或螺栓定位在孔中。

9. 胶合约束

胶合约束可将对象约束到一起，以使它们作为刚体进行移动。

胶合约束只能应用于组件，或组件和装配体的几何体，其他对象不可选。

10. 中心约束

中心约束可使一对对象之间的一个或两个对象居中，或使一对对象沿另一个对象居中。

该约束的子类型包括以下三种：

(1) 1 对 2：该选项可使一个对象在一对对象间居中；

(2) 2 对 1：该选项可使一对对象沿着另一个对象居中；

(3) 2 对 2：该选项可使两个对象在一对对象间居中。

轴向几何体：此选项仅在子类型为 1 对 2 或 2 对 1 时出现。此选项可指定选择了一个面(圆柱面、圆锥面或球面)或圆边时，UG 系统所用的中心约束。

使用几何体：该选项可使用面(圆柱面、圆锥面或球面)或边界作为约束。

自动判断中心/轴：该选项可使用对象的中心或轴作为约束。

11. 角度约束

角度约束可指定两个对象(可绕指定轴)之间的旋转角度。该约束的子类型包括以下两种：

(1) 3D 角度约束：该选项在不需要已定义的旋转轴的情况下在两个对象之间进行测量。3D 角度约束的值小于或等于 180°。由于 3D 角度约束可不使用已定义的轴便可定义两个对象之间空间的角度，因此两个对象之间的最小角度用于求解约束。

(2) 定位角度约束：该选项可使用选定的旋转轴测量两个对象之间的角度约束，它可支持最大 360° 的旋转。

6.3　任务 26：爆炸图

爆炸图是指在同一视图中，把装配体中的全部或者部分组件拆分开来，使部件之间产生一定的距离，便于反映装配体的组成结构，同时也可使观察者清楚地看到装配体中的每个组件。

下面介绍两种建立装配体爆炸图的方法。

(1) 系统自动建立的爆炸图：系统可以快速地建立装配体的爆炸图，但自动爆炸图很难完全满足用户的需要。

(2) 根据设计者意图建立的爆炸图：用户可以根据需要建立符合自己要求的爆炸图。

6.3.1　建立自动爆炸图

1. 新建爆炸图

(1) 打开滑动轴承的装配体文件 C:\Users\lenovo\Desktop\xm6\xm6-1\滑动轴承。

爆炸图的制作

(2) 单击"装配"功能区中的  按钮，弹出爆炸图工具条，如图 6-15 所示。

图 6-15　爆炸图工具条

(3) 在爆炸图工具条中单击 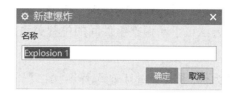，弹出"新建爆炸"对话框，如图 6-16 所示；在"名称"文本框中输入爆炸图名称，或者采用系统默认名称 Explosion1(此处接受默认名称)；单击"确定"按钮，完成新爆炸图的创建。

图 6-16 "新建爆炸"对话框

2. 生成自动爆炸图

(1) 在爆炸图工具条中单击"自动爆炸组件"，弹出"类选择"对话框，如图 6-17 所示；在该对话框中选择"全选"选项，并选取所有组件；单击"确定"按钮，系统弹出"自动爆炸组件"对话框，如图 6-18 所示。

图 6-17 "类选择"对话框 　　图 6-18 "自动爆炸组件"对话框

(2) 在"自动爆炸组件"对话框的"距离"文本框中输入数值"90.0000"，然后单击"确定"按钮，系统会立即生成爆炸图，如图 6-19 所示。

图 6-19 自动爆炸图结果  　　　　图 6-20 无爆炸图工具

(3) 当不需要显示爆炸图时，可以在爆炸图工具条中选择"无爆炸"，如图 6-20 所示，

即可恢复到装配状态。

6.3.2　建立手动编辑爆炸图

自动爆炸图往往不能满足用户对爆炸图的要求，所以 UG 系统还提供了手动编辑爆炸图的方式来生成爆炸图，此方法可手动调整组件间的位置关系。

1. 新建爆炸图

(1) 以图 6-19 所示状态为例，接着创建手动爆炸图。在爆炸图工具条中选择"无爆炸"，使滑动轴承恢复到装配状态。

(2) 在爆炸图工具条中单击"新建爆炸"命令，弹出"新建爆炸"对话框，如图 6-21 所示；在"名称"文本框中输入爆炸图名称，或者采用系统默认名称 Explosion2(此处接受默认名称)；单击"确定"按钮，完成新爆炸图的创建。

图 6-21　"新建爆炸"对话框　　　　　　图 6-22　"编辑爆炸"对话框

2. 手动爆炸图

(1) 在爆炸图工具条中单击"编辑爆炸"，弹出"编辑爆炸"对话框，如图 6-22 所示。

(2) 编辑杯盖位置：在"编辑爆炸"对话框中选择◉选择对象单选项，选择装配体中的杯盖组件；选择◉移动对象单选项，系统会在杯盖上显示移动手柄，如图 6-23 所示；在手柄上单击方向 Z，然后在"编辑爆炸"对话框中"距离"文本框中输入数值"50"，如图 6-24 所示；单击"应用"按钮，结果如图 6-25 所示。

图 6-23　选择杯盖　　　　图 6-24　移动对象选项　　　　图 6-25　杯盖编辑结果

(3) 编辑油杯位置：在"编辑爆炸"对话框中选择◉选择对象单选项，选择装配体中的油杯组件(按着 Shift 键可取消选择);选择⊙ 移动对象 单选项,系统会在油杯上显示移动手柄;在手柄上单击方向 Z,然后在"编辑爆炸"对话框的"距离"文本框中输入数值"25";单击"应用"按钮,结果如图 6-26 所示。

(4) 编辑轴衬位置:在"编辑爆炸"对话框中选择⊙ 选择对象 单选项,选择装配体中的轴衬组件;选择⊙ 移动对象 单选项,系统会在轴衬上显示移动手柄;在手柄上单击方向 Z,然后在"编辑爆炸"对话框的"距离"文本框中输入数值"55",单击"应用"按钮,结果如图 6-27 所示。

图 6-26 油杯编辑结果　　　　图 6-27 轴衬编辑结果

3. 相关知识

(1) 隐藏视图中的组件 ▶🗇:在装配工具条中选择此按钮,系统会弹出"隐藏视图中的组件"对话框,选取需要隐藏的一个或者多个组件,该组件会被隐藏。

(2) 显示视图中的组件 ▶🗇:在装配工具条中选择此按钮,系统会弹出"显示视图中的组件"对话框,选取需要显示的一个或者多个组件,该组件会被显示出来。

(3) 取消爆炸组件 🏬:在装配工具条中选择此按钮,可以取消一个或者多个组件,使其恢复到装配状态。

(4) 删除爆炸图 🗙:在装配工具条中选择此按钮,可以删除当前爆炸图外的其他爆炸图。

6.4 任务 27:球阀的装配

下面再通过一个实例——球阀,来进一步熟悉和掌握各种装配约束的使用,进而更好地把握零件装配的基本过程及方法。

球阀的装配

6.4.1 创建装配体

球阀装配体由阀盖、阀杆、阀体、阀芯、螺母 M12、螺柱 AM12×30、密封圈、上填料、填料垫、填料压紧套、调整垫及中填料共 12 个零件组成。

1. 建立装配文件

(1) 单击工具栏中的"新建"图标 🗋,弹出"新建"对话框。

(2) 在"模型"选项卡的"模板"对话框中选中 🗇 装配 模板,在"名称"文本框中输入文件名：球阀.prt，将保存文件夹设置为 C:\Users\lenovo\Desktop\xm6\xm6-4，单击"确定"按钮。

(3) 系统进入装配环境，自动弹出"添加组件"对话框。

2. 装配阀芯

(1) 在"添加组件"对话框中单击"打开" 按钮，在"打开"对话框中选择"阀芯"，然后单击"OK"按钮。

(2) 定义阀芯的位置。在"添加组件"对话框中"位置"区域的"装配位置"中选择"绝对坐标系-工作部件"选项。

(3) 定义阀芯约束。在"放置"区域中选择●移动 ○约束，在"约束类型"中选择固定 约束，然后在"要约束的几何体"中选择"阀芯"。

(4) 单击"应用"按钮，完成阀芯的装配。

3. 装配阀杆

(1) 在"添加组件"对话框中单击"打开" 按钮，在"打开"对话框中选择"阀杆"，然后单击"OK"按钮。

(2) 定义阀杆的位置。在"添加组件"对话框的"位置"区域的"装配位置"中选择"绝对坐标系-工作部件"选项。

(3) 定义阀杆约束。在"放置"区域中选择●移动 ○约束选项，在装配区中选择"阀杆"，将其移动到合适装配的位置。

添加对齐/锁定约束：在"放置"区域中选择●移动 ○约束，在"约束类型"中选择"对齐/锁定 约束"，在装配区中选择如图 6-28 所示的阀杆中的轴 1 及阀芯中的轴 2。

添加距离约束：在"约束类型"中选择"距离 约束"，在装配区中选择如图 6-29 所示的阀杆中的面 1 及阀芯中的面 2，并输入距离值"21"。

(4) 单击"应用"按钮，完成阀杆的装配，如图 6-30 所示。

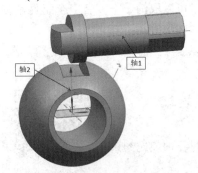
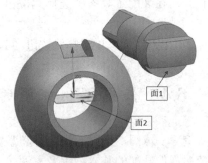

图 6-28　创建对齐/锁定约束　　　图 6-29　创建距离约束　　　图 6-30　阀杆装配结果

4. 装配阀体

(1) 在"添加组件"对话框中单击"打开" 按钮，在"打开"对话框中选择"阀体"，然后单击"OK"按钮。

(2) 定义阀体的位置。在"添加组件"对话框的"位置"区域的"装配位置"中选择"绝对坐标系-工作部件"选项。

(3) 定义阀体约束。在"放置"区域中选择●移动 ○约束选项，在装配区中选择"阀体"，将其移动到合适装配的位置。

添加对齐/锁定约束：在"放置"区域中选择⊙移动 ○约束，在"约束类型"中选择"对齐/锁定 ![]约束"，在装配区中选择如图6-31所示的阀体中的轴1及阀杆中的轴2。

添加对齐/锁定约束：在装配区选择如图6-32所示的阀体中的轴1及阀芯中的轴2。

(4) 单击"应用"按钮，完成阀体的装配，如图6-33所示。

　　图6-31　创建对齐/锁定约束　　　　图6-32　创建对齐/锁定约束　　　图6-33　阀体装配结果

5. 装配密封圈

(1) 为了方便安装密封圈，先将阀芯隐藏；在装配导航器中的阀芯上单击鼠标右键，在弹出的快捷菜单上选择"隐藏"；然后在"添加组件"对话框中单击"打开" ![] 按钮，弹出"打开"对话框；在"打开"对话框中选择"密封圈"，单击"OK"按钮。

(2) 定义密封圈的位置。在"添加组件"对话框的"位置"区域的"装配位置"中选择"绝对坐标系-工作部件"选项。

(3) 定义密封圈约束。在"放置"区域中选择⊙移动 ○约束选项，在装配区中选择密封圈，将其移动到合适装配的位置。

添加对齐/锁定约束：在"放置"区域中选择⊙移动 ○约束，在"约束类型"中选择"对齐/锁定 ![]约束"，在装配区中选择如图6-34所示的密封圈中的轴1及阀体中的轴2。

添加接触对齐约束：在装配区中选择如图6-35所示的密封圈中的面1及阀体中的面2。

(4) 单击"应用"按钮，完成密封圈的装配，如图6-36所示。

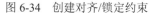

　　图6-34　创建对齐/锁定约束　　　　图6-35　创建接触对齐约束　　　图6-36　密封圈装配结果

6. 装配调整垫

(1) 密封圈安装好后，可将阀芯显示出来。在装配导航器中的阀芯上单击鼠标右键，在弹出的快捷菜单上选择"显示"；在"添加组件"对话框中单击"打开" ![] 按钮，在"打开"对话框中选择"调整垫"，然后单击"OK"按钮。

(2) 定义调整垫的位置。在"添加组件"对话框的"位置"区域的"装配位置"中选择"绝对坐标系–工作部件"选项。

(3) 定义调整垫约束。在"放置"区域中选择 ⦿移动 〇约束 选项，在装配区中选择"调整垫"，将其移动到合适装配的位置。

添加对齐/锁定约束：在"放置"区域中选择 ⦿移动 〇约束，在"约束类型"中选择"对齐/锁定 ⤸ 约束"，在装配区中选择如图 6-37 所示的调整垫中的轴 1 及阀体中的轴 2。

添加接触对齐约束：在装配区中选择如图 6-37 所示的调整垫中的面 1 及阀体中的面 2。

(4) 单击"应用"按钮，完成调整垫的装配，如图 6-38 所示。

图 6-37　创建对齐/锁定及接触对齐约束　　　图 6-38　调整垫装配结果

7. 装配阀盖

(1) 在"添加组件"对话框中单击"打开" 🖼 按钮，在"打开"对话框中选择"阀盖"，然后单击"OK"按钮。

(2) 定义阀盖的位置。在"添加组件"对话框的"位置"区域的"装配位置"中选择"绝对坐标系–工作部件"选项。

(3) 定义阀盖约束。在"放置"区域中选择 ⦿移动 〇约束 选项，在装配区选择"阀盖"，将其移动到合适装配的位置。

添加对齐/锁定约束：在"放置"区域中选择 ⦿移动 〇约束，在"约束类型"中选择对齐/锁定 ⤸ 约束，在装配区中选择如图 6-39 所示的阀盖中的轴 1 及阀体中的轴 2。

添加接触对齐约束：在装配区中选择如图 6-40 所示的阀盖中的面 1 及阀体中的面 2。

(4) 单击"应用"按钮，完成阀盖的装配，如图 6-41 所示。

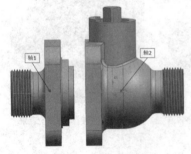

图 6-39　创建对齐/锁定约束　　　图 6-40　创建接触对齐约束　　　图 6-41　阀盖装配结果

8. 装配另一个密封圈

(1) 为了方便安装密封圈，先将阀芯、阀体、阀杆及第一个密封圈隐藏；然后在"添加组件"对话框中单击"打开" 🖼 按钮，在"打开"对话框中选择"密封圈"，然后单击

"OK"按钮。

(2) 定义密封圈的位置。在"添加组件"对话框的"位置"区域的"装配位置"中选择"绝对坐标系-工作部件"选项。

(3) 定义密封圈约束。在"放置"区域中选择◉移动 ○约束选项，在装配区选择"密封圈"，将其移动到合适装配的位置。

添加对齐/锁定约束：在"放置"区域中选择◉移动 ○约束，在"约束类型"中选择对齐/锁定 约束，在装配区中选择如图 6-42 所示的密封圈中的轴 1 及阀盖中的轴 2。

添加接触对齐约束：在装配区中选择如图 6-42 所示的密封圈中的面 1 及阀盖中的面 2。

(4) 单击"应用"按钮，完成密封圈的装配，如图 6-43 所示。

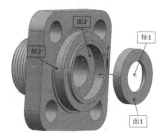

图 6-42　创建对齐/锁定及接触对齐约束　　　图 6-43　密封圈装配结果

9. 装配填料垫

(1) 为了方便安装，先将阀杆隐藏；然后在"添加组件"对话框中单击"打开" 按钮，在"打开"对话框中选择"填料垫"，单击"OK"按钮。

(2) 定义填料垫的位置。在"添加组件"对话框的"位置"区域的"装配位置"中选择"绝对坐标系-工作部件"选项。

(3) 定义填料垫约束。在"放置"区域中选择◉移动 ○约束选项，在装配区选择"填料垫"，将其移动到合适装配的位置。

添加对齐/锁定约束：在"放置"区域中选择◉移动 ○约束，在"约束类型"中选择对齐/锁定 约束，在装配区中选择如图 6-44 所示的填料垫中的轴 1 及阀体中的轴 2。

添加接触对齐约束：在装配区中选择如图 6-44 所示的填料垫中的面 1 及阀体中的面 2。

(4) 单击"应用"按钮，完成填料垫的装配，如图 6-45 所示。

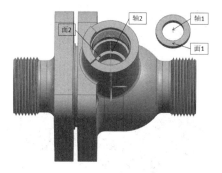
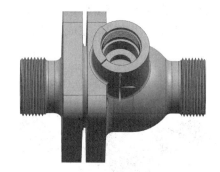

图 6-44　创建对齐/锁定及接触对齐约束　　　图 6-45　填料垫装配结果

10. 装配中填料

(1) 在"添加组件"对话框中单击"打开" 按钮，在"打开"对话框中选择"中填料"，然后单击"OK"按钮。

(2) 定义中填料的位置。在"添加组件"对话框的"位置"区域的"装配位置"中选择"绝对坐标系-工作部件"选项。

(3) 定义中填料约束。在"放置"区域中选择◉移动 ○约束选项，在装配区选择"中料垫"，将其移动到合适装配的位置。

添加对齐/锁定约束：在"放置"区域中选择◉移动 ○约束，在"约束类型"中选择对齐/锁定 约束，在装配区中选择如图 6-46 所示的中填料中的轴 1 及阀体中的轴 2。

添加接触对齐约束：在装配区中选择如图 6-46 所示的中填料中的面 1 及阀体中的面 2。

(4) 单击"应用"按钮，完成中填料的装配，如图 6-47 所示。

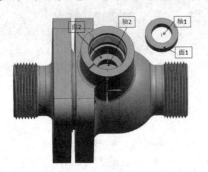

图 6-46 创建对齐/锁定及接触对齐约束　　　　图 6-47 中填料装配结果

11. 装配上填料

(1) 在"添加组件"对话框中单击"打开" 按钮，在"打开"对话框中选择"上填料"，然后单击"OK"按钮。

(2) 定义上填料的位置。在"添加组件"对话框的"位置"区域的"装配位置"中选择"绝对坐标系-工作部件"选项。

(3) 定义上填料约束。在"放置"区域中选择◉移动 ○约束选项，在装配区选择"上料垫"，将其移动到合适装配的位置。

添加对齐/锁定约束：在"放置"区域中选择◉移动 ○约束，在"约束类型"中选择对齐/锁定 约束，在装配区中选择如图 6-48 所示的上填料中的轴 1 及阀体中的轴 2。

添加接触对齐约束：在装配区中选择如图 6-48 所示的上填料中的面 1 及阀体中的面 2。

(4) 单击"应用"按钮，完成上填料的装配，如图 6-49 所示。

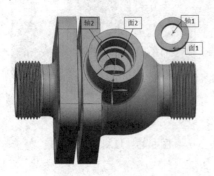
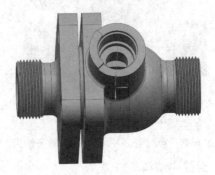

图 6-48 创建对齐/锁定及接触对齐约束　　　　图 6-49 上填料装配结果

12. 装配填料压紧套

(1) 在"添加组件"对话框中单击"打开"按钮，在"打开"对话框中选择"填料压紧套"，然后单击"OK"按钮。

(2) 定义填料压紧套的位置。在"添加组件"对话框的"位置"区域的"装配位置"中选择"绝对坐标系-工作部件"选项。

(3) 定义填料压紧套约束。在"放置"区域中选择◉移动 ○约束选项，在装配区选择"填料压紧套"，将其移动到合适装配的位置。

添加对齐/锁定约束：在"放置"区域中选择◉移动 ○约束，在"约束类型"中选择对齐/锁定约束，在装配区中选择如图 6-50 所示的填料压紧套中的轴 1 及阀体中的轴 2。

添加接触对齐约束：在装配区中选择如图 6-50 所示的填料压紧套中的面 1 及阀体中的面 2。

(4) 单击"应用"按钮，完成填料压紧套的装配，如图 6-51 所示。

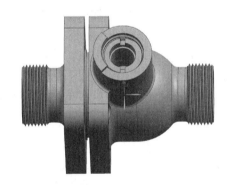

图 6-50　创建对齐/锁定及接触对齐约束　　　　图 6-51　填料压紧套装配结果

13. 装配螺柱 AM12 × 30

(1) 在"添加组件"对话框中单击"打开"按钮，在"打开"对话框中选择"螺柱 AM12 × 30"，然后单击"OK"按钮。

(2) 定义螺柱 AM12 × 30 的位置。在"添加组件"对话框的"位置"区域的"装配位置"中选择"绝对坐标系-工作部件"选项。

(3) 定义螺柱 AM12 × 30 约束。在"放置"区域中选择◉移动 ○约束选项，在装配区选择"螺柱 AM12 × 30"，将其移动到合适装配的位置。

添加对齐/锁定约束：在"放置"区域中选择◉移动 ○约束，在"约束类型"中选择"对齐/锁定约束"，在装配区中选择如图 6-52 所示的螺柱 AM12 × 30 中的轴 1 及阀体中的轴 2。

添加距离约束：在装配区中选择如图 6-52 所示的螺柱 AM12 × 30 中的面 1 及阀体中的面 2，并输入距离值为"15"。

(4) 单击"应用"按钮，完成螺柱 AM12 × 30 的装配，如图 6-53 所示。

图 6-52　创建对齐/锁定及距离约束　　　　　图 6-53　螺柱 AM12×30 装配结果

14. 装配螺母 M12

(1) 在"添加组件"对话框中单击"打开"  按钮，在"打开"对话框中选择"螺母 M12"，然后单击"OK"按钮。

(2) 定义螺母 M12 的位置。在"添加组件"对话框的"位置"区域的"装配位置"中选择"绝对坐标系-工作部件"选项。

(3) 定义螺母 M12 约束。在"放置"区域中选择 ●移动 ○约束 选项，在装配区选择"螺母 M12"，将其移动到合适装配的位置。

添加对齐/锁定约束：在"放置"区域中选择 ●移动 ○约束，在"约束类型"中选择"对齐/锁定 约束"，在装配区中选择如图 6-54 所示的螺母 M12 中的轴 1 及螺柱中的轴 2。

添加接触对齐约束：在装配区中选择如图 6-54 所示的螺母 M12 中的面 1 及螺杆中的面 2。

(4) 单击"应用"按钮，完成螺母 M12 的装配，如图 6-55 所示。

图 6-54　创建对齐/锁定及接触对齐约束　　　　图 6-55　螺母 M12 装配结果

15. 阵列紧固件

(1) 在"组件"功能区中单击 阵列组件 按钮，系统会弹出"阵列组件"对话框，如图 6-56 所示。依次单击"要形成阵列的组件"→"选择组件"→"螺柱和螺母"。

(2) 定义阵列：在"阵列定义"区的"布局"中选择 ○圆形，在"旋转轴"中选择如图 6-57 所示的圆柱面面 1，指定点为圆柱面断面圆心。间距、数量及节距角设置如图 6-56 所示。

(3) 单击"确定"按钮，完成紧固件的阵列，如图 6-57 所示。

图 6-56 "阵列组件"对话框

图 6-57 紧固件阵列结果

6.4.2 创建爆炸图

按照任务 26 中所述方法生成爆炸图。由于球阀的组件较多，因此可以先生成自动爆炸图，如图 6-58 所示；然后在自动爆炸图的基础上手动编辑部分组件的位置，再形成满足要求的爆炸图，如图 6-59 所示。

图 6-58 自动爆炸图

图 6-59 爆炸图最终结果

小 结

UG 系统提供了强大的零件装配功能模块，即装配模块。该模块中具有基本的装配工具和其他工具，可以帮助用户非常方便、快捷地将设计好的零件按照指定的装配关系装配在一起，形成装配体。还可以在装配模式下添加和设计新的零件，并对单个零件进行编辑、对组件进行阵列和镜像等操作、创建爆炸视图等。

装配过程是在装配中建立部件之间的连接关系，通过装配条件在部件之间建立约束关系来确定部件在产品中的位置，因此在学习装配知识时，要注意约束的使用方法和技巧。

练 习 题

1. 简述装配设计中常用的约束条件及其用途。

2. 在设置约束条件时，一次能否同时设置多个？每个约束条件必须选择几个元素？在选择两个以上零件的装配元素时，先后顺序对装配结果有没有影响？

3. 简述零件装配的基本过程。

4. 为什么需要根据设计者意图建立装配爆炸图而不用系统默认的爆炸图？用户自己怎样建立爆炸图？在多个爆炸图中，怎样设置要显示的爆炸图？

5. 根据图 6-60 提供的剖视图及尺寸设计一套装配体，其中包含底座、螺塞、销、套筒，读者可以自行设计出 4 个零件，也可以打开本教材提供的素材文件(文件路径为 LX5)，并将其装配成一个完整的机构。

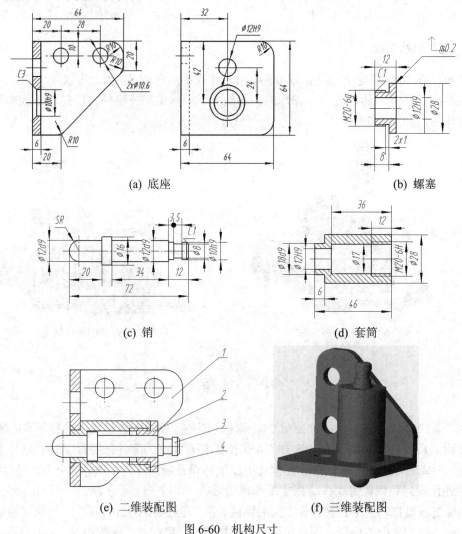

(a) 底座　　　　　　　　　　　　　　　　　　　　(b) 螺塞

(c) 销　　　　　　　　　　　　　　　　　　　　(d) 套筒

(e) 二维装配图　　　　　　　　(f) 三维装配图

图 6-60　机构尺寸

6. 根据如图 6-61(a)、(b)、(c)、(d)所示零件及尺寸，图中未注倒角为 1×45°，读者可以自行创建底座、螺旋杆、螺母套、绞杠的实体零件，也可以打开本书提供的素材文件(文件路径为 LX6)，将它们按(e)图所示的位置关系进行装配。

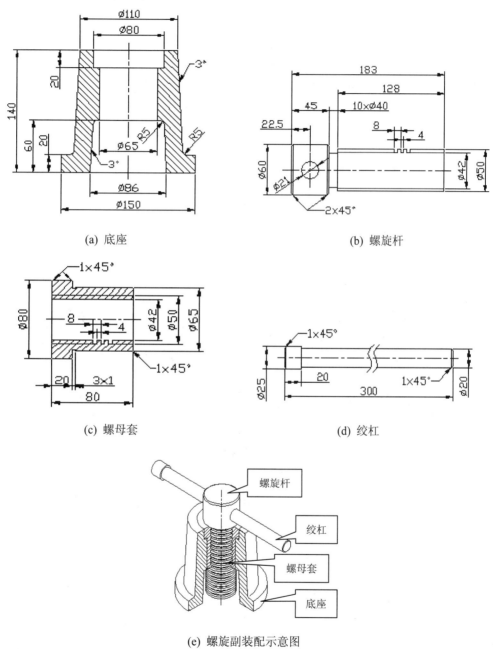

(a) 底座

(b) 螺旋杆

(c) 螺母套

(d) 绞杠

(e) 螺旋副装配示意图

图 6-61　螺旋副的组成零件及装配示意图

7. 根据如图 6-62(a)、(b)、(c)、(d)、(e)所示的零件及尺寸，图中未注倒角为 1×45°，读者可以自行创建轴架、轴、轴衬、垫圈、带轮的实体零件，也可以打开本书提供的素材文件(文件路径为 LX7)，将它们按(f)图所示的位置关系进行装配，并创建其分解图。

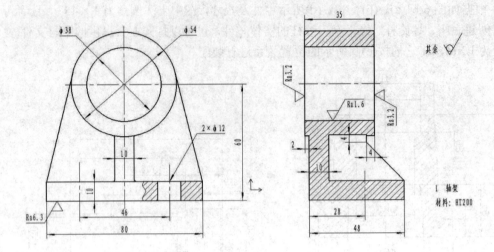

(a) 轴架

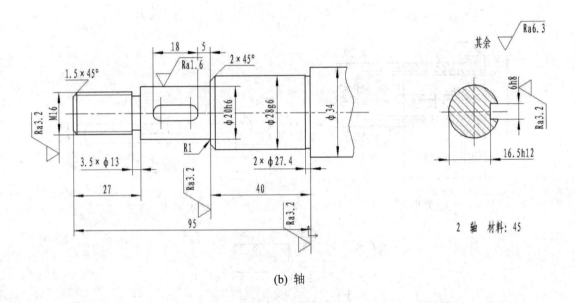

(b) 轴

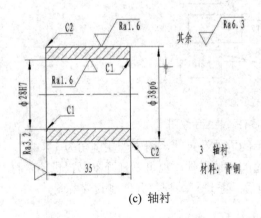

(c) 轴衬

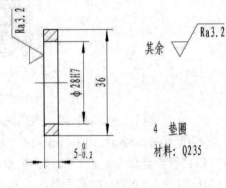

(d) 垫圈

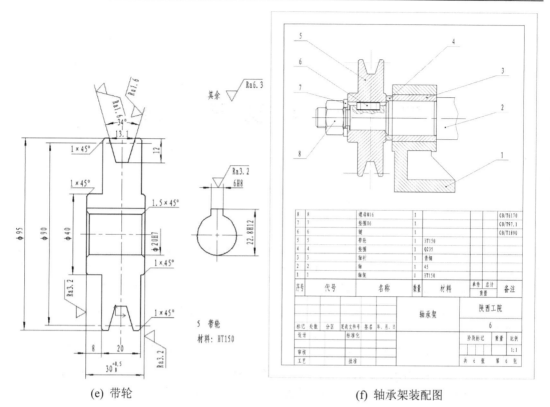

(e) 带轮　　　　　　　　　　　　　　(f) 轴承架装配图

图 6-62　轴承架的组成零件及装配图

8. 利用本教材提供的素材文件，文件路径为：LX8，其中包括螺杆、固定钳身、螺钉、钳口板、螺钉 M8、活动钳身、螺母块、销 A4-22、垫圈、圆环、垫圈 16 共 11 个零件，建立如图 6-63 所示的装配图。

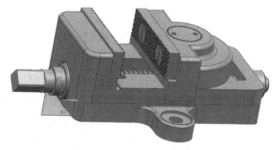

图 6-63　机用虎钳的装配图

项目七　工程图设计

 学习目的

零件的加工、装配、检验都要用到零件图，在 UG NX 12.0 软件中，将零件图称作工程图。UG NX 12.0 系统提供了工程图的功能，用户可以方便、快速、准确地由三维模型生成二维工程图，它包括各种基本视图、剖视图、局部放大图和斜视图等。工程图功能不仅可以根据设计需要标注尺寸、尺寸公差、形位公差、表面粗糙度，还可以注写注释、技术要求等内容，完全可以满足实际使用的需要。

本项目通过 6 个任务介绍各种工程图的生成过程、技术要求的标注及对工程图及标注的编辑处理方法、工程图的输出方法。通过这 6 个任务，可对工程图的生成方法以及有关参数的使用有全面的了解，然后通过一定的练习使读者掌握这些内容。

学习要点

(1) 常规视图。常规视图即一般视图，是由用户自定义投影方向的视图，它可以是二维视图，也可以是二维显示的立体图。第一个创建的视图必须是常规视图，这种视图也被称为父视图，它和投影视图之间具有正交投影对应关系。

(2) 投影视图。投影视图是由正交投影方式得到的一种视图，也称为子视图。它是第二个及以后创建的视图，它与常规视图之间具有正交投影对应关系。

(3) 截面图。截面图即剖视图，也就是剖切后投影得到的视图。生成这种视图必须有剖切面，剖切面可以在三维模型上建立，也可在生成工程图的过程中建立。在三维模型上建立剖切面相对比较容易，如果事先能够考虑到工程图绘制的需要，最好是在三维模型上建立，这样在生成工程图时只是选用已建立的剖切面，生成工程图的过程也会相对较简单。

(4) 工程图的编辑。工程图是由三维模型按照一定的操作方法由软件自动生成的，其三维模型上的参数化尺寸在二维工程图中就被继承下来了。创建三维模型的方法不同，工程图上显示的尺寸也就不同，往往自动生成的许多尺寸以及项目不符合我国制图标准的要求，这些内容需要用户自己进行编辑。

(5) 技术要求的标注。技术要求包括尺寸公差、形位公差、表面粗糙度和用文字说明的内容，它决定了零件的精度和表面质量，这些内容在工程图上都应表达出来。UG NX 12.0 提供了这方面的功能，通过学习应该掌握它们，使生成的工程图能够满足工程使用的要求。

思政目标

(1) 在工程图绘制学习过程中，培养学生将灵活性和原则性有机结合，运用辩证法分析问题的意识。

(2) 培养学生坚守执着、投身专业的坚定信心。

7.1 任务28：工程图的基本操作

图 7-1 所示零件为端盖。下面以该零件为例来说明工程图的基本操作方法。

图 7-1 端盖实体

1. 进入工程图环境

(1) 依次选择"菜单"→"文件"→"新建"命令，或单击"快速访问"工具栏中的"新建"图标，弹出"新建"对话框，如图 7-2 所示。

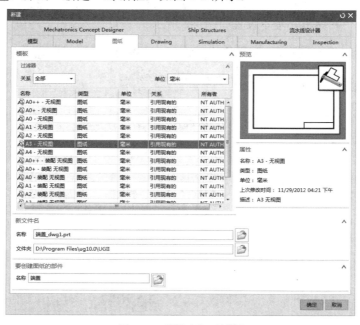

图 7-2 "新建"对话框

(2) 在对话框中选择"图纸"选项卡，在"关系"下拉列表框中选择"全部"，在列表框中选择适当的模板，输入文件名和路径，单击"确定"按钮。

(3) 单击"要创建图纸的部件"中的"打开" 按钮，弹出"选择主模型部件"对话框，如图 7-3 所示。

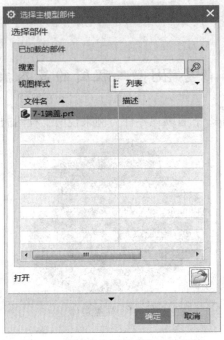

图 7-3　"选择主模型部件"对话框

(4) 单击"打开" 按钮，弹出"部件名"对话框；选择要创建图纸的零件，单击"OK"按钮，如图 7-4 所示；单击"取消"按钮，进入工程图环境；单击"基本视图" 按钮，弹出"基本视图"对话框，基本设置如图 7-5 所示。

图 7-4　视图创建向导

图 7-5 "基本视图"对话框

(5) 将主视图放在合适位置后单击鼠标左键确定，再依次放置俯视图与左视图，如图 7-6 所示。

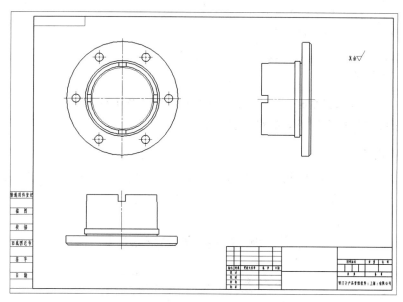

图 7-6 工程图

2. 打开图纸页

1) 新建工程图

(1) 菜单：依次选择"菜单"→"插入"→"图纸页"命令。

(2) 功能区：单击"主页"选项卡"新建图纸页"按钮，弹出如图 7-7 所示的"工作表"对话框。

(3) 选择适当模板，单击"确定"按钮，新建工程图。

2) "工作表"对话框中的选项说明

(1) 使用模板：选择此选项，在该对话框中选择所需要的模板。

(2) 标准尺寸：选择此选项，通过图 7-7 所示对话框设置标准图纸的大小和比例。

(3) 定制尺寸：选择此选项，通过图 7-7 所示对话框可以自定义设置图纸的大小和比例。

(4) 大小：用于指定图纸的尺寸规格，也可在"定制尺寸"的高度和长度文本框中输入自己的图纸尺寸。图纸尺寸随所选单位的不同而不同，有英寸规格和公制规格。

(5) 比例：用于设置工程图中各类视图的比例大小，系统默认的设置比例为 1：1。

(6) 图纸中的图纸页：列出工作部件中的所有图纸页。

(7) 图纸页名称：用于输入新建图纸的名称，输入的名称由系统自动转化为大写形式。用户也可以指定相应的图纸名称。

(8) 页号：图纸页编号由初始页号、初始次级编号和可选的次级页号分隔符组成。

(9) 版本：用于简述新图纸页的唯一版次代号。

(10) 单位：指定图纸页的单位。

(11) 投影：指定第一象限角投影或第三象限角投影，一般默认第三象限角投影。

图 7-7　"工作表"对话框

💡 **注意**：在编辑工程图时，投影角度参数只能在没有产生投影视图的情况下进行修改，否则需要删除所有的投影视图后执行投影视图的编辑。

3. 删除图纸页

依次单击"菜单"→"编辑"→"删除"命令，或单击"快速访问"工具栏中的"删除"图标 ✖ ·，弹出"类选择"对话框，选择要删除的视图，单击"确定"即可删除，如图 7-8 所示。

图 7-8　"类选择"对话框

4. 编辑图纸页

在进行视图添加及编辑过程中，有时需要临时添加剖视图、技术要求等内容，那么新建过程中设置的工程图参数可能无法满足要求(如比例不合适)，这时需要对已有的工程图进行修改编辑。操作方法为：

依次单击"菜单"→"编辑"→"图纸页"命令，弹出"工作表"对话框；在对话框中修改已有工程图的名称、尺寸、比例和单位等参数。

修改完成后，系统会按照新的设置对工程图自动进行更新。

5. 保存图纸页

(1) 依次单击"文件"→"保存"→"另存为"命令，弹出"另存为"对话框，如图7-9所示。

(2) 输入保存的文件名和路径，保存类型设置如图7-10所示，点选"AutoCAD DWG 文件(*.dwg)"选项，单击"确定"，完成保存。

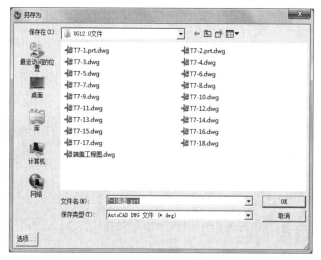

图 7-9 "另存为"对话框

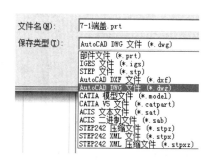

图 7-10 保存类型

7.2 任务 29：视图操作

图7-11所示零件为传动轴。下面以该零件为例来说明工程图的视图操作。

图 7-11 传动轴实体

7.2.1 基本视图的生成

1. 基本视图操作方式

(1) 菜单：选择"菜单"→"插入"→"视图"→"基本视图"命令。

(2) 功能区：单击"主页"选项卡"视图"组中的"基本视图"按钮，弹出"基本视图"对话框，如图 7-12(a)所示；在图形窗口中将光标移动到所需位置，在视图中单击放置视图，如图 7-12(b)所示；单击鼠标中键关闭"基本视图"对话框，将视图放在图纸框的合适位置。

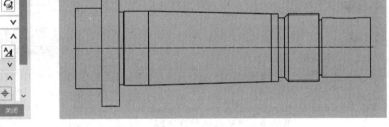

(a) "基本视图"对话框 (b) "基本视图"传动轴俯视图示意图

图 7-12　基本视图

2. "基本视图"对话框中的选项说明

1) 部件

(1) 已加载的部件：显示所有已加载部件的名称。

(2) 最近访问的部件：选择一个部件，以便从该部件加载并添加视图。

(3) 打开：用于浏览和打开其他部件，并从这些部件添加视图。

2) 视图原点

(1) 指定位置：使用光标来指定一个屏幕位置。

(2) 放置：建立视图的位置。

(3) 方法：用于选择其中一个对齐视图选项；光标跟踪：开启 xc 和 yc 跟踪。

3) 模型视图

(1) 要使用的模型视图：用于选择一个要用作基本视图的模型视图。

(2) 定向视图工具：单击该按钮，打开定向视图工具，可用于定制基本视图的方位。

4) 比例

比例：在向图纸页添加制图视图之前，为制图视图指定一个特定的比例。

5) 设置

打开基本视图"设置"下拉列表，可用于设置视图的显示样式。

(1) 隐藏的组件：只用于装配图纸，能够控制一个或多个组件在基本视图中的显示。

(2) 非剖切：用于装配图纸，指定一个或多个组件为不剖切组件。

7.2.2 投影视图的生成

1. 投影视图操作方式

(1) 菜单：依次选择"菜单"→"插入"→"视图"→"投影"命令。

(2) 功能区：单击"主页"选项卡"视图"组中的"投影视图"按钮，弹出"投影视图"对话框，如图 7-13(a)所示；选择父视图，生成投影视图将光标放到需要的位置，单击鼠标放置视图，如图 7-13(b)所示。

(a) "投影视图"对话框

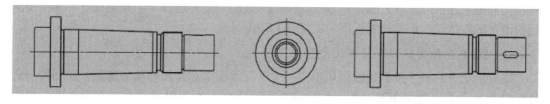

(b) "投影视图"示意图

图 7-13 投影视图

2. "基本视图"对话框中的选项说明

1) 父视图

父视图用于在绘图工作区选择视图作为基本视图(父视图)，并从它投影出其他视图。

2) 铰链线

(1) 矢量选项：包括自动判断和已定义。

① 自动判断：为视图自动判断铰链线和投影方向。

② 已定义：允许为视图手工定义铰链线和投影方向。

(2) 反转投影方向：镜像铰链线的投影箭头。

(3) 关联：当铰链线与模型中的平面平行时，将铰链线自动关联该平面。

3) 视图原点和设置

视图原点和设置选项与"基本视图"对话框中的选项功能相同。

7.2.3 局部放大图的生成

1. 局部放大图的操作方式

(1) 菜单：依次选择"菜单"→"插入"→"视图"→"局部放大图"命令。

(2) 功能区：单击"主页"选项卡"视图"组中的"局部放大图"按钮。

2. 局部放大图的类型

通过以上两种方式都可弹出如图 7-14 所示的"局部放大图"对话框，现创建以下 3 种局部放大图：

1) "圆形"局部放大图

在"局部放大图"对话框中选择"圆形"→在父视图上选一个点作为局部放大图的中心→将光标移出中心点，然后单击以便定义局部放大图的圆形边界半径→将视图拖动到图纸上所需位置，单击放置视图，如图 7-15(a)所示。

2) "按中心和拐角绘制矩形"局部放大图

在对话框中选择"按中心和拐角绘制矩形"类型

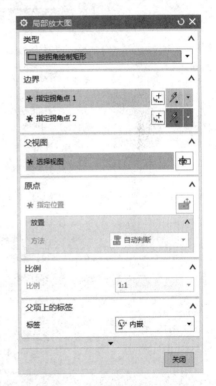

图 7-14　"局部放大图"对话框

→在父视图上选择局部放大图的中心→为局部放大图的边界选择一个拐角点→将视图拖动到图纸上所需位置，单击放置视图，如图 7-15(b)所示。

3) "按拐角绘制矩形"局部放大图

在对话框中选择"按拐角绘制矩形"类型→父视图上选择局部边界的第一个拐角→选择第二个点为第一个拐角的对角→将视图拖动到图纸上所需位置，单击放置视图，如图 7-15(c)所示。

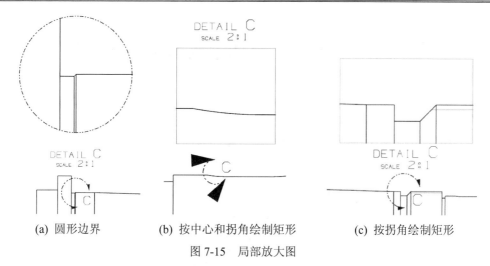

| (a) 圆形边界 | (b) 按中心和拐角绘制矩形 | (c) 按拐角绘制矩形 |

图 7-15 局部放大图

3. "局部放大图"对话框中的选项说明

1) 类型

(1) 圆形：创建有圆形边界的局部放大图。

(2) 按中心和拐角绘制矩形：通过选择一个中心点和一个拐角点创建矩形局部放大图边界。

(3) 按拐角绘制矩形：通过选择对角线上的两个拐角点创建矩形局部放大图边界。

2) 边界

(1) 指定拐角点1：定义矩形边界的第一个拐角点。

(2) 指定拐角点2：定义矩形边界的第二个拐角点。

(3) 指定中心点：定义圆形边界的中心。

(4) 指定边界点：定义圆形边界的半径。

3) 父视图

选择一个视图作为局部放大图的父视图。

4) 原点

(1) 指定位置：指定局部放大图的位置。

(2) 移动位置：在局部放大图的生成过程中移动现有视图。

5) 比例

默认局部放大图的比例因子大于父视图的比例因子。

6) 标签

提供下列在父视图上放置标签的选项。

(1) 无：无边界。

(2) 圆：圆形边界，无标签。

(3) 注释：有标签但无指引线的边界。

(4) 标签：有标签和半径指引线的边界。

(5) 内嵌：标签内嵌在带有箭头的缝隙内的边界。

(6) 边界：显示实际视图边界。

7.3 任务30：各种截面图的生成

对于零件的表达，往往只用几个基本视图是表达不清楚的，尤其是对于内部结构比较复杂的零件，就需要用剖视图来进一步表达。工程图中的截面图就是我们通常所说的剖视图。

图 7-16 所示零件为调整架实体，下面以该零件为例来说明调整架实体各种截面图生成的基本操作过程。

图 7-16　调整架实体

7.3.1 剖视图的生成

1. 剖视图的操作方式

(1) 菜单：依次选择"菜单"→"插入"→"视图"→"剖视图"命令。

(2) 功能区：单击"主页"选项卡"视图"组中的"剖视图"按钮。

任选以上两种方式中的一种，弹出如图 7-17 所示的"剖视图"对话框，在对话框中设置截面线的形式并选择剖视图的创建方法，在视图几何体上拾取一个点，将动态截面线移至剖切位置点，选择一个点放置截面线符号，移出视图并放在所需位置，最后单击放置视图。

图 7-17　"剖视图"对话框

2. "剖视图"对话框中的选项说明

1) 截面线

(1) 定义：选项包括"动态"和"选择现有"两种。如果选择"动态"，根据创建方法，系统会自动创建截面线，并将其放置到适当位置；如果选择"选择现有"，可根据截面线创建剖视图。

(2) 方法：在列表中选择创建剖视图的方法，包括简单剖/阶梯剖、半剖、旋转剖等四种，如图 7-18 所示。

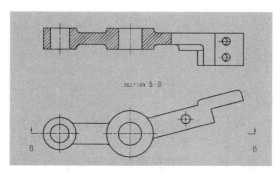

(a) 简单剖/阶梯剖剖视图

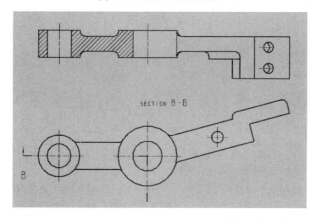

(b) 半剖视图

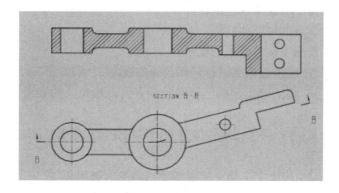

(c) 旋转剖视图

图 7-18　剖视图示意图

2）铰链线

铰链线包括矢量选项和反转剖切方向，矢量选项包括自动判断和已定义。

(1) 自动判断：为视图自动判断铰链线和投影方向。

(2) 已定义：允许为视图手工定义铰链线和投影方向。

(3) 反转剖切方向：反转剖切线箭头的方向。

3）设置

(1) 非剖切：在视图中选择不剖切的组件或实体，做不剖处理。

(2) 隐藏组建：在视图中选择要隐藏的组件或实体，使其不可见。

7.3.2 局部剖视图的生成

1. 局部剖视图操作方式

(1) 菜单：依次选择"菜单"→"插入"→"视图"→"截面"→"局部剖"命令。

(2) 功能区：依次单击"主页"选项卡"视图"组中的"局部剖视图"按钮。

任选以上两种方式中的一种，启动局部剖命令，弹出如图 7-19 所示的"局部剖"对话框，选择要剖切的视图，指定其基点和矢量方向，选择与视图相关的曲线以表示局部剖的边界，如图 7-20 所示。

图 7-19　"局部剖"对话框

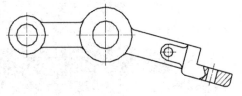

图 7-20　局部剖示意图

2. "局部剖"对话框中的选项说明

(1) 创建：激活局部剖视图创建步骤。

(2) 编辑：修改现有的局部剖视图。

(3) 删除：从主视图中移除局部剖视图。

(4) 选择视图：用于选择要进行局部剖切的视图。

(5) 指定基点：用于确定剖切区域沿拉伸方向开始拉伸的参考点，该点可通过"捕捉点"工具栏指定。

(6) 指定拉伸矢量：用于指定拉伸方向，可用矢量构造器指定，必要时可使拉伸反向，或指定为视图法向。

(7) 选择曲线：用于定义局部剖视图剖切边界的封闭曲线。

(8) 修改边界曲线：用于修改剖切边界点，必要时可用于修改剖切区域。

(9) 切穿模型：若勾选该复选框，则剖切时完全穿透模型。

7.3.3　断开视图的生成

1. 断开视图操作方式

(1) 菜单：依次选择"菜单"→"插入"→"视图"→"断开视图"命令。

(2) 功能区：依次单击"主页"选项卡"视图"组中的"断开视图"按钮。

任选一种方式启动"断开视图"命令，弹出如图 7-21 所示的"断开视图"对话框，在类型下拉列表中选择"常规"或"单侧"类型，选择要断开的视图，指定或调整断开方向；选择第一条断裂线的锚点，可以拖动偏置手柄来移动第一条断裂线，选择第二条断裂线的锚点，可以拖动偏置手柄来移动第二条断裂线(若选择单侧类型则不使用)，在设置组中修改断裂线的类型、幅值、延伸、颜色、宽度和其他设置；单击"应用"按钮，创建断开视图，如图所 7-22 所示。

图 7-21 "断开视图"对话框

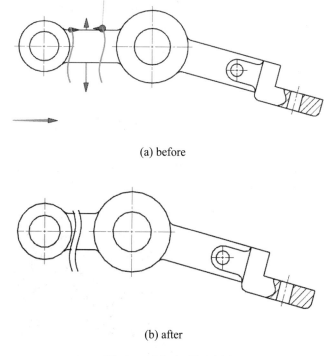

(a) before

(b) after

图 7-22　断开视图示意图

2. "断开视图"对话框中的选项说明

1) 类型

(1) 常规：创建具有两条表示图纸上概念缝隙的断裂线的断开视图。

(2) 单侧：创建具有一条断裂线的断开视图。

2) 主模型视图

主模型视图用于当前图纸页中选择要断开的视图。

3) 方向

断开的方向垂直于断裂线。

(1) 方位：指定与第一个断开视图相关的其他断开视图的方向。

(2) 指定矢量：添加第一个断开视图。

4) 断裂线 1/断裂线 2

(1) 关联：将断开位置锚点与图纸的特征点关联。

(2) 指定锚点：用于指定断开位置的锚点。

(3) 偏置：设置锚点与断裂线之间的距离。

5) 设置

(1) 间隙：设置两条断裂线之间的距离。

(2) 样式：指定断裂线的类型，包括简单、直线、锯齿线、长断裂、管状线、实心管状线、实心杆状线、拼图线、木纹线、复制曲线和模板曲线。

(3) 幅值：设置用作断裂线的曲线的幅值。

(4) 延伸 1/延伸 2：设置穿过模型一侧的断裂线的延伸长度。

(5) 显示断裂线：显示视图中的断裂线。

(6) 颜色：指定断裂线的颜色。

(7) 宽度：指定断裂线的宽度。

7.4　任务 31：编辑工程图

以涡轮箱实体为例，如图 7-23 所示，熟悉和掌握工程图视图的编辑，进而掌握工程图编辑的基本过程及方法。

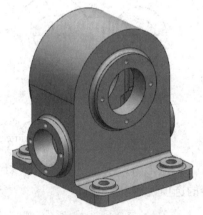

图 7-23　涡轮箱实体

7.4.1　移动/复制视图

1. "移动和复制视图" 操作方式

(1) 菜单：依次选择"菜单"→"编辑"→"视图"→"移动/复制"命令。

(2) 功能区：单击"主页"选项卡"视图"面组上"编辑视图"下"移动/复制视图"按钮。

任选以上两种方式中的一种，弹出如图 7-24 所示的"移动/复制视图"对话框，选择移动/复制类型，将鼠标放到要移动的视图上，直到视图边界高亮显示，按住鼠标左键拖动视图，视图移动到位时，释放鼠标放置视图。

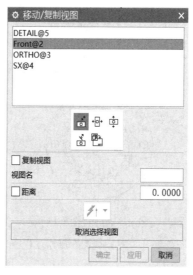

图 7-24 "移动/复制视图"对话框

2. "移动/复制视图"对话框中的选项说明

(1) 至一点 🔲：移动或复制选定的视图到指定点，该点可用光标或坐标指定。

(2) 水平 🔲：在水平方向上移动或复制选定视图。

(3) 竖直 🔲：在竖直方向上移动或复制选定视图。

(4) 垂直于直线 🔲：在垂直于指定方向移动或复制视图。

(5) 至另一图纸 🔲：移动或复制选定的视图到另一张图纸中。

(6) 复制视图：勾选该复选框用于复制视图，否则是移动视图。

(7) 视图名：在移动或复制单个视图时，为生成的视图指定名称。

(8) 距离：勾选该复选框，用于输入移动或复制后的视图之间的距离值。若选择多个视图，则以第一个选定的视图作为基准，其他视图将与第一个视图保持指定距离；若不勾选该复选框，则可移动光标或输入坐标值指定视图位置。

(9) 矢量构造器列表：用于选择指定矢量的方法，视图将垂直于该矢量移动或复制。

(10) 取消选择视图：清除视图选择。

7.4.2 对齐视图

1. "对齐视图"操作方式

(1) 菜单：依次选择"菜单"→"编辑"→"视图"→"对齐"命令。

(2) 功能区：单击"主页"选项卡"视图"面组上的"视图对齐" 🔲 按钮，弹出如图 7-25(a)所示的"视图对齐"对话框；在对话框的"视图"选项组中选择主视图，"指定位置"选项组中选择放置方法为"竖直"及"对齐至视图"；在如图 7-25(b)的图纸页中选择俯视图，这时，主视图与俯视图对齐显示，结果如图 7-25(c)所示。

(a)"对齐视图"对话框

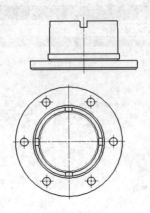

(b)"对齐视图"操作前

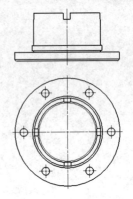

(c)"对齐视图"操作结果

图 7-25   "对齐视图"操作过程

7.4.3   定义视图边界

1."视图边界"操作方式

(1) 菜单：依次选择"菜单"→"编辑"→"视图"→"边界"命令。

(2) 功能区：单击"主页"选项卡"视图"组中"编辑视图"库下的"视图边界"按钮。

(3) 快捷菜单：在要编辑的视图边界上右击，在打开的快捷菜单中选择"边界"命令，弹出如图 7-26 所示的"视图边界"对话框。

① 创建自动矩形视图边界：在视图边界类型中选择自动生成矩形类型，单击"确定"按钮创建视图边界。

② 创建手工矩形视图边界：在视图边界类型列表中选择手工生成矩形类型，选择要重新定义的视图边界，拖出一个矩形单击定义新的边界视图。

③ 创建由对象定义边界的视图边界：在视图边界类型列表中选择由对象定义边界类型，选择局部放大图，在视图中选择要用于定义视图边界的对象，在视图中定义要包含在视图边界中的模型点，单击"确定"按钮更新视图边界。

图 7-26   "视图边界"对话框

7.4.4   修改剖面线

1."修改剖面线"操作方式

(1) 菜单：依次选择"菜单"→"编辑"→"视图"→"视图相关编辑"命令。

(2) 功能区：单击"主页"选项卡"视图"组中"编辑视图"库下的"视图相关编辑"

按钮，弹出如图 7-27 所示"视图相关编辑"对话框，选择编辑选项，并在视图中选择要编辑的对象，单击"确定"按钮。

图 7-27　"视图相关编辑"对话框

2．"修改剖面线"对话框中的选项说明

1）添加编辑

(1) 擦除对象：擦除选择的对象，如曲线、边等。擦除并不是删除，只是使被擦除的对象不可见而已，使用"擦除对象"按钮可使被擦除的对象重新显示，如图 7-28 所示。

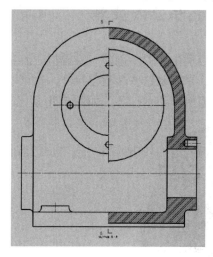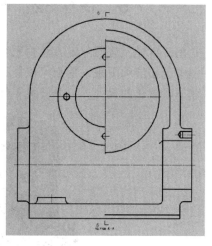

图 7-28　擦除剖面线

(2) 编辑完全对象：在选定的视图或图纸页中编辑对象的显示方式，包括线条颜色、线型和线宽，如图 7-29 所示。

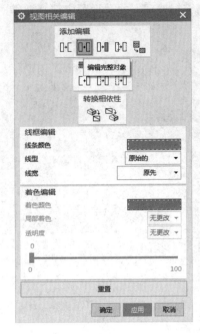
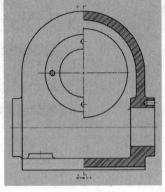
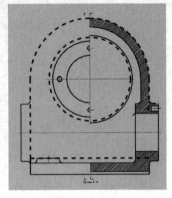

图 7-29　更改边线

(3) 编辑着色对象：用于控制视图中对象的局部着色和透明度。

(4) 编辑对象段：编辑部分对象的显示方式，用法与编辑完全对象相似。选择编辑对象后，可以选择一个或两个边界，只编辑边界内。

(5) 编辑剖视图背景：编辑剖视图背景线。在建立剖视图时，可以有选择地保留背景线，而使用背景线编辑功能不但可以删除已有的背景线，而且还可添加新的背景线。

7.5　任务 32：图纸标注及注释

工程图是由三维模型按照一定方法由系统自动生成的，创建三维模型时的参数化尺寸在二维工程图中也被继承下来，用户可以显示或者隐藏这些参数化尺寸，也可以根据工程图的需要创建非参数化的尺寸。以升降机箱体为例介绍本任务，如图 7-30 所示。

图 7-30　升降机箱体

7.5.1　尺寸标注

"尺寸标注"操作方式如下：

(1) 菜单：依次选择"菜单"→"插入"→"尺寸"命令，如图 7-31 所示。

图 7-31　尺寸标注

(2) 功能区：单击"尺寸"面组中的任意按钮，系统弹出如图 7-32 所示的"快速尺寸"对话框，选择要标注的对象，将尺寸放置到图中适当位置并单击，即完成尺寸标注，如图 7-33 所示。

图 7-32　"快速尺寸"对话框

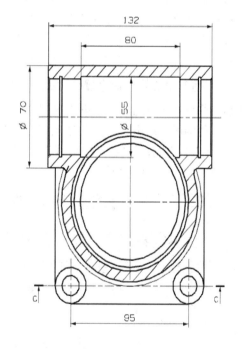

图 7-33　尺寸标注

7.5.2　插入中心线

1. "中心标记"命令操作方式

(1) 菜单：依次选择"菜单"→"插入"→"中心线"→"中心标记"命令。

(2) 功能区：单击"主页"选项卡"注释"组中的"中心标记"按钮，弹出如图 7-34

所示的"中心标记"对话框。选择圆形边界创建中心标记，如图 7-35 所示。

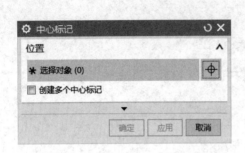

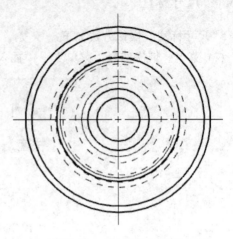

图 7-34　"中心标记"对话框　　　　　　　　图 7-35　中心标记示意图

2. "螺栓圆中心线"命令操作方式

(1) 菜单：依次选择"菜单"→"插入"→"中心线"→"螺栓圆"命令。

(2) 功能区：单击"主页"选项卡"注释"面组上"中心线"下"螺栓圆中心线"按钮，弹出如图 7-36 所示的"螺栓圆中心线"对话框，在对话框中"类型"下拉菜单列表中选择类型，选择一个圆弧中心和一个圆弧，单击"确定"按钮，创建中心线。

3. "圆形中心线"命令操作方式

(1) 菜单：依次选择"菜单"→"插入"→"中心线"→"圆形"命令。

(2) 功能区：单击"主页"选项卡"注释"面组上"中心线"下"圆形中心线"按钮，弹出如图 7-37 所示的"圆形中心线"对话框，在对话框中"类型"下拉列表中选择类型，选择一个圆弧中心和一个圆弧，单击"确定"按钮，圆形中心线创建完成。

图 7-36　"螺栓圆中心线"对话框　　　　　　图 7-37　"圆形中心线"对话框

4. "对称"命令操作方式

(1) 菜单：依次选择"菜单"→"插入"→"中心线"→"对称"命令。

(2) 功能区：单击"主页"选项卡"注释"面组上"中心线"下"对称中心线"按钮，弹出"对称中心线"对话框，如图 7-38 所示；在类型列表中选择"从面"类型，选择一个面，单击"确定"按钮，对称中心线创建完成；使用点创建对称中心线，如图 7-39 所示，从类型列表中选择"起点和终点"类型，先选择起始点，再选择终点，单击"确定"按钮，对称中心线创建完成。

图 7-38 "从面"创建对称中心线　　　图 7-39 "起点和终点"创建对称中心线

5. "2D 中心线"命令操作方式

(1) 菜单：依次选择"菜单"→"插入"→"中心线"→"2D 中心线"命令。

(2) 功能区：单击"主页"选项卡"注释"面组上"中心线"下"2D 中心线"按钮，弹出 7-40 所示的"2D 中心线"对话框，在类型下拉列表中选择类型，选择"一侧曲线或点"和"另一侧曲线或点"，单击"确定"按钮，2D 中心线创建完成，如图 7-41 所示。

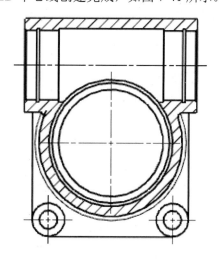

图 7-40 "2D 中心线"对话框　　　图 7-41 创建 2D 中心线

6. "3D 中心线"命令操作方式

(1) 菜单：依次选择"菜单"→"插入"→"中心线"→"3D 中心线"命令。

(2) 功能区：单击"主页"选项卡"注释"面组上"中心线"下"3D 中心线"按钮，弹出如图 7-42 所示的"3D 中心线"对话框，选择一个面(例如圆柱面)，单击"确定"按钮，即可创建出该圆柱面的 3D 中心线，如图 7-43 所示。

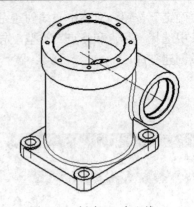

图 7-42　"3D 中心线"对话框　　　　图 7-43　创建 3D 中心线

7.5.3　文本注释

添加文本注释操作方式如下：

(1) 菜单：依次选择"菜单"→"插入"→"注释"命令。

(2) 功能区：单击"主页"选项卡"注释"组中的"注释"按钮，弹出如图 7-44 所示的"注释"对话框；在对话框中输入文本，设置文本参数，将文字拖到适当位置，单击放置文本注释，如图 7-45 所示。

NX 12.0

图 7-44　"注释"对话框　　　　　图 7-45　标注文字

7.5.4　插入表面粗糙度符号

插入表面粗糙度符号操作方式如下：

(1) 菜单：依次选择"菜单"→"插入"→"注释"→"表面粗糙度"命令。

(2) 功能区：单击"主页"选项卡"注释"面组上的"表面粗糙度"按钮，弹出如图

7-46 所示"表面粗糙度"对话框；设置原点和指引线参数、材料移除符号，并输入参数，单击部件边并拖动符号到合适位置，单击放置符号完成，如图 7-47 所示。

图 7-46 "表面粗糙度"对话框

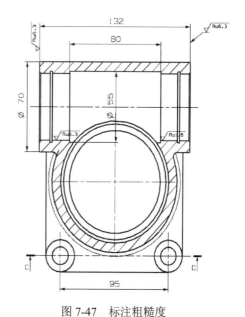

图 7-47 标注粗糙度

7.5.5 插入其他符号

1. 添加剖面线操作方式

(1) 菜单：依次选择"菜单"→"插入"→"注释"→"剖面线"命令。

(2) 功能区：单击"主页"选项卡"注释"面组上的"剖面线"按钮，弹出如图 7-48 所示的"剖面线"对话框；选择边界模式，并选择填充区域或选择曲线边界，设置剖面线的相关参数，单击"确定"，即完成剖面线填充。

2. "剖面线"对话框中的选项说明

1) 边界

(1) 选择模式：

① 边界曲线：选择一组封闭曲线，这里可以选择曲线、实体轮廓线、实体边、界面及截面边来定义边界区域。

② 区域中的点：用于选择区域中的点。选中这种模式可以指定内部位置，即指定要定位剖面线的区域。

(2) 选择曲线：选择曲线、实体轮廓线、实体边、界面及截面边来定义边界区域。

(3) 指定内部位置：指定要定位剖面线的区域。

(4) 忽略内边界：取消或勾选此复选框，如图 7-49 所示。

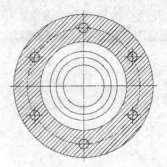

(a) 取消"忽略内边界"复选框

图 7-48   "剖面线"对话框

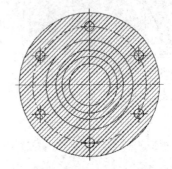

(b) 勾选"忽略内边界"复选框

图 7-49   忽略内边界

2) 要排除的注释

① 选择注释：选择要从剖面线图样中排除的注释。

② 单独设置边距：若勾选此复选框，将允许单独设置所排除注释周围的边距。

3) 设置

① 剖面线定义：显示当前剖面线的名称。

② 图样：列出剖面线文件中包含的剖面线图样。

③ 距离：设置剖面线之间的距离。

④ 角度：设置剖面线的倾斜角度。

⑤ 颜色：指定剖面线的颜色。

⑥ 宽度：指定剖面线的宽度。

⑦ 边界曲线公差：控制 NX 如何逼近沿不规则曲线的剖面线边界。公差值越小就越逼近，构造剖面线图样所需的时间就越长。

7.5.6 形位公差标注

形位公差分为形状公差和位置公差。形状公差是针对自身而言的，位置公差是相互而言。

1. 添加形位公差操作方式

(1) 菜单：依次选择"菜单"→"插入"→"注释"→"特征控制框"命令。

(2) 功能区：单击"主页"选项卡"注释"面组上的"特征控制框"按钮，弹出如图

7-50 所示"特征控制框"对话框；在"对齐"组中选择层叠注释和水平或竖直对齐，选择特性、框样式，在"公差"栏中输入公差和第一基准参考；拖动并放置符号，最终结果如图 7-51 所示。

图 7-50　"特征控制框"对话框

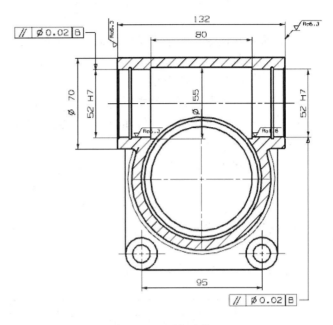

图 7-51　形位公差

7.5.7　创建装配明细表

1. 表格注释

1) 操作方式

(1) 菜单：依次选择"菜单"→"插入"→"表格"→"表格注释"命令。

(2) 功能区：单击"主页"选项卡"表"组中的"表格注释"按钮，弹出如图 7-52 所示的"表格注释"对话框。

图 7-52　"表格注释"对话框

2) "表格注释"对话框中的选项说明

(1) 原点：

① 原点工具：使用原点工具查找图纸页上的表格注释。

② 指定位置：用于为表格注释指定位置。

(2) 指引线：

① 选择终止对象：用于为指引线选择终止对象。

② 带折线创建：在指引线中创建折线。

③ 类型：列出指引线类型。

* 普通：创建带短划线的指引线。

* 全圆符号：创建带短划线和全圆符号的指引线。

(3) 表大小：

① 列数：设置竖直列数。

② 行数：设置水平行数。

③ 列宽：为所有竖直列设置统一宽度。

(4) 设置：单击"设置"按钮，打开"设置"对话框，可以设置文字、单元格、截面和表格注释首选项。

绘制如图 7-53 所示标题栏参考格式。

图 7-53　标题栏的参考格式

2. 零件明细表

操作方式：

(1) 菜单：依次选择"菜单"→"插入"→"表格"→"零件明细表"命令。

(2) 功能区：单击"主页"选项卡"表"组中的"零件明细表"按钮。

执行该操作后，将表格拖动到所需位置，放置零件明细表，如图 7-54 所示。

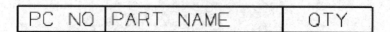

图 7-54　零件明细表

7.6　任务 33：工程图综合实例

通过本任务实例讲解，可更进一步理解工程图的绘制过程。首先创建工程图的基本视图、投影视图、剖视图等视图，然后再添加标注完善工程图。以扇形曲柄为例介绍本任务，如图 7-55 所示。

图 7-55　扇形曲柄

工程图综合实例

操作步骤如下：

1. 新建图纸页

(1) 打开"7.6.prt"素材文件，依次单击"应用模块"→"设计"→"制图"按钮，进入制图模块。

(2) 单击"主页"→"新建图纸页"按钮，弹出"工作表"对话框；在"大小"选项组中的"大小"下拉列表中选择"A3-297×420"选项，其余保持默认设置，如图 7-56 所示。

2. 添加视图

(1) 依次单击"主页"→"视图"→"基本视图"按钮，打开"基本视图"对话框，如图 7-57 所示；在"模型视图"选项组中的"要使用的模型视图"下拉列表中选择"俯视图"选项，设置比例为 1∶1，在工作区中合适位置放置俯视图，如图 7-57 所示。

图 7-56　"工作表"对话框

图 7-57　创建基本视图

(2) 依次单击"主页"→"视图"→"剖视图"接钮,弹出"剖视图"对话框;在"定义"下拉列表中选择"动态",在"方法"下拉列表中选择"简单剖/阶梯剖"选项;在视图中选择切线位置,然后在合适位置放置剖视图即可。创建方法如图 7-58 所示。

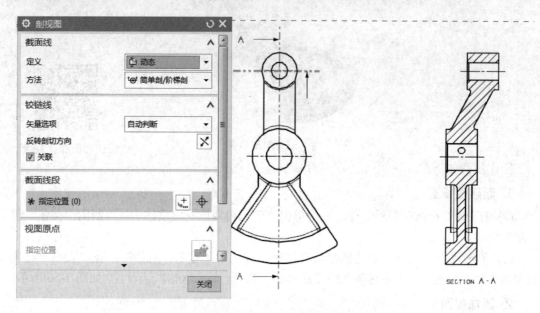

图 7-58　创建全剖视图

💡 注意:若投影的剖视图和预想的方向相反,则需重新创建一个剖视图。在"剖视图"对话框中单击"反向"按钮,即可创建与预想方向一致的全剖视图。

(3) 在图纸中选择基本视图,单击鼠标右键,在弹出的快捷菜单中选择"活动草图视图",在视图中绘制封闭的样条曲线,创建方法如图 7-59 所所示。

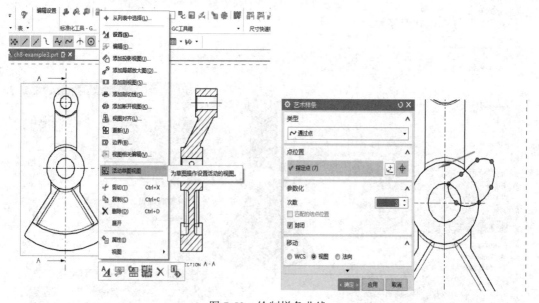

图 7-59　绘制样条曲线

💡 **注意**：若在选项卡中找不到"艺术样条"按钮，则需要添加"曲线选项"到活动草图视图中。添加方法：在任意选项卡的空白处单击鼠标右键，在弹出的菜单中选择"曲线"选项即可。

(4) 依次单击"主页"→"视图"→"局部剖"按钮，打开"局部剖"对话框；在工作区中选择步骤(1)创建的俯视图，然后在图纸中选中剖切孔的中心，再在对话框中单击"选择曲线"按钮；选择步骤(3)所绘制的样条曲线，单击"确定"按钮即可创建出局部剖视图，创建方法如图 7-60 所示。

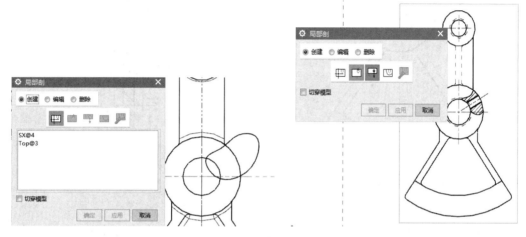

图 7-60 创建局部剖视图

3. 标注线性尺寸

(1) 依次单击"主页"→"尺寸"→"快速尺寸"选项，打开"快速尺寸"对话框；在工作区中选择连板的外侧面线和轴孔座的端面线，在"测量"下拉列表中选择"垂直"，然后放置尺寸线到合适位置即可，如图 7-61 所示。

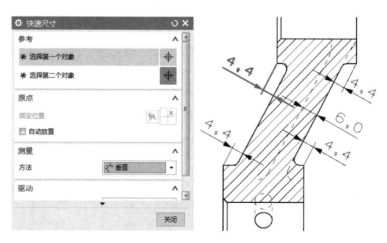

图 7-61 快速尺寸标注

(2) 按照前面任务中标注线性尺寸的方法，标注其他的水平尺寸、竖直尺寸和垂直尺寸，效果如图 7-62 所示。

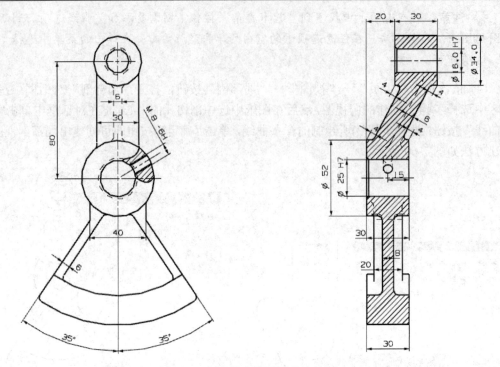

图 7-62　标注垂直和水平尺寸效果

(3) 依次单击"主页"→"尺寸"→"角度"选项，打开"角度尺寸"对话框；在工作区中选择孔的中心线和水平中心线，然后放置尺寸线到合适位置即可，如图 7-63 所示。

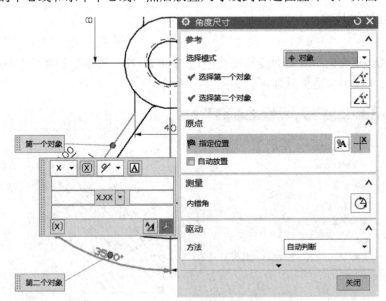

图 7-63　角度尺寸标注

4. 标注圆弧尺寸

依次单击"主页"→"尺寸"→"径向尺寸"选项，打开"径向尺寸"对话框；在工作区中选择扇形块的圆弧，放置半径尺寸线到合适位置即可，如图 7-64 所示。

图 7-64　径向尺寸标注

5. 标注形位公差

(1) 依次单击选项卡"主页"→"注释"→"基准特征符号"按钮，打开"基准特征符号"对话框；在"基准标识符"选项组中的"字母"文本框中输入"A"；单击"指引线"选项组中的按钮，选择工作区中轴孔座面；最后放置基准特征符号到合适位置即可，如图7-65所示。

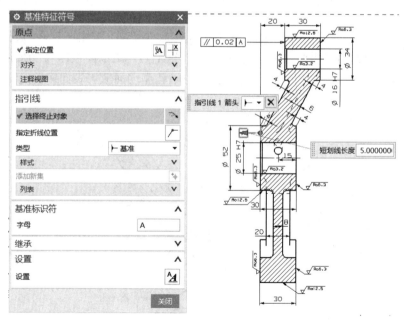

图 7-65　基准特征符号标注

(2) 依次单击"主页"→"注释"按钮，弹出"注释"对话框；在"符号"选项组的"类别"下拉列表中选择"形位公差"选项，依次单击对话框中的"类别" ⊕ 按钮、"插入平行度" ∥ 按钮，在"文本输入"文本框中输入 0.02；在视图中选择放置位置后，即可标注出如图7-66所示的标注平行度形位公差。

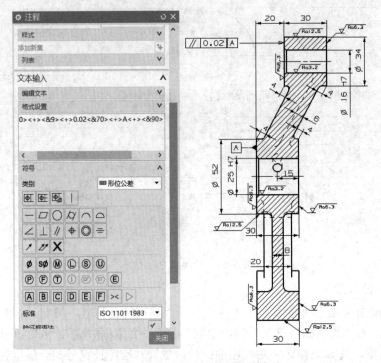

图 7-66　标注平行度形位公差

6. 标注表面粗糙度

(1) 依次单击"主页"→"注释"→"表面粗糙度符号"按钮，打开"表面粗糙度"对话框；在除料中选择"需要除料"选项，在"切除(f1)"文本框中输入"Ra6.3"，在"样式"中设置"字符大小"为 2.5；在选择工作区中轴孔座端面放置表面粗糙度即可，创建方法如图 7-67 所示。

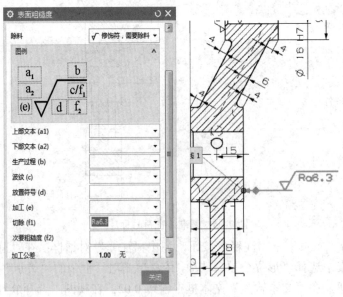

图 7-67　标注表面粗糙度

(2) 按照同样的方法设置"表面粗糙度符号"对话框其他各参数，选择合适的放置类型和指引线类型创建其他的表面粗糙度，最终效果如图 7-68 所示。

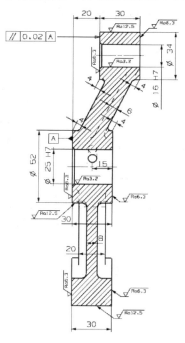

图 7-68　标注表面粗糙度效果

7. 插入并编辑表格

(1) 依次单击"主页"→"表"→"表格注释"按钮，工作区中的光标即会显示为矩形框，选择工作区右下角放置表格即可，创建方法如图 7-69 所示。

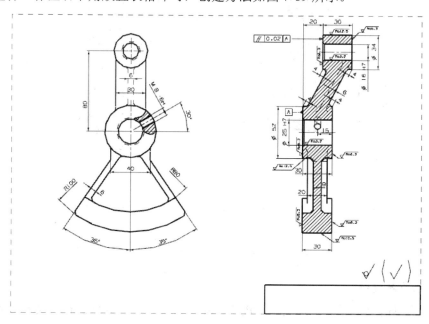

图 7-69　插入表格

(2) 选中表格的第一个单元格，按住鼠标左键拖动到第二行第二列所在的单元格，选中的表格为橘红色高亮显示；单击鼠标右键，选择"合并单元格"，创建方法如图 7-70 所示。采用上面方法再创建另一合并单元格，效果如图 7-71 所示。

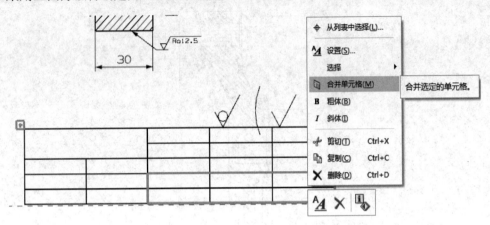

图 7-70　合并单元格

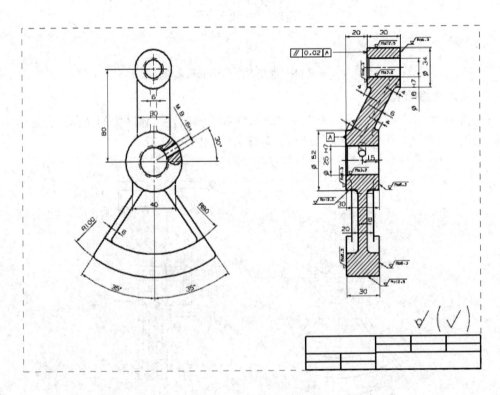

图 7-71　合并单元格效果

8. 添加文本注释

(1) 依次单击"主页"→"注释"按钮，弹出"注释"对话框；在"文本输入"文本框中输入如图 7-72 所示的注释文字，添加工程图的相关技术要求。

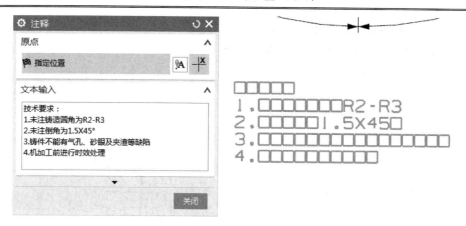

图 7-72　添加文本注释

(2) 单击"主页"→"编辑设置"按钮，弹出"类选择"对话框；选择步骤(1)添加的文本注释，单击"确定"按钮，如图 7-73 所示。

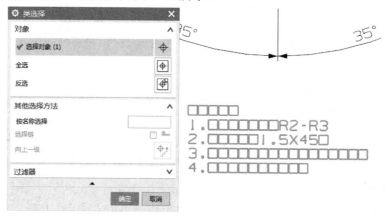

图 7-73　编辑注释样式

(3) 在弹出的"注释设置"对话框中设置字符高度为"5"，选择文字参数下方的"字体"下拉列表中的"chinesef"选项，单击"确定"按钮即可将方框文字显示为汉字，如图 7-74 所示。

图 7-74　文本注释结果

（4）重复上述步骤，添加其他文本注释。在"设置"对话框中设置合适的字符大小，选中文本注释并将其移动到合适位置，效果如图 7-75 所示。

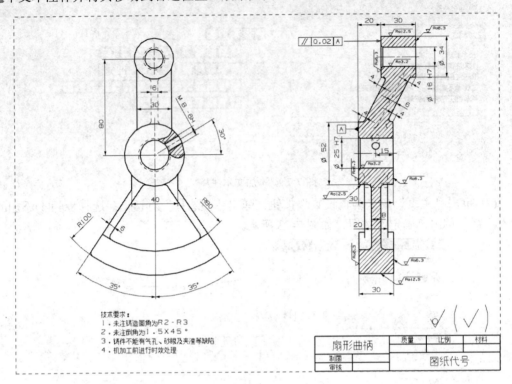

图 7-75　添加文本注释效果

9. 保存文件

单击"保存"图标，在"保存对象"对话框中的单击"确定"按钮，完成保存。

小　　结

本项目通过详述基本视图、局部放大图、剖视图、局部剖视图等的生成方法，介绍了形位公差、表面粗糙度、文本注释等技术要求的标注，对图形、尺寸、技术要求的编辑处理方法以及图幅、图框、标题栏的创建和调用等内容。

在工程图的生成中，基本视图、剖视图是最常用的视图，对它们的生成是最基本也是较重要的内容。其中，常规视图的生成，在出现零件的主视图后要确定两个参照，系统根据两个参照生成相应的视图，对两个参照的确定，用户一定要做到心中有数，不同的参照生成的视图不同，这点读者要认真领会；投影视图是根据已绘制的视图，按照投影对应关系系统自动生成的，只不过不同的投影视图的生成过程略有不同而已。对工程图的编辑是一个很重要且很繁琐的工作，要掌握其编辑方法，尤其是右键快捷菜单的使用，它既方便实用又简洁明了。通过一定的编辑最终形成符合制图标准的工程图。

通过学习以及练习，应体会各种工程图的生成方法以及有关参数的使用；再通过一定的实例操作，在操作过程中反复琢磨、总结，即可提高生成工程图的效率。

练 习 题

1. 绘制图 7-76 所示的管接头工程图。管接头常用于管道的连接，在天然气、自来水、石油管道中常可以见到。在管接头两端均有螺纹，螺纹用于连接两端的管道。(要求：工程图图纸大小为 A4，绘图比例为 3∶1。)

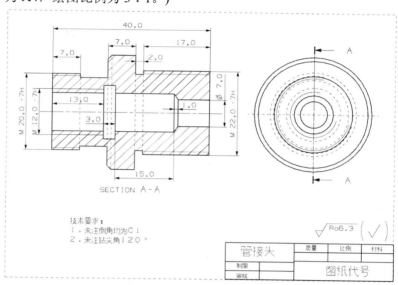

图 7-76 管接头工程图

2. 根据如图 7-77 所示零件及尺寸，请读者绘制固定杆的工程图。该固定杆由滑槽板、螺栓板和底板组成。螺栓板固定在基座上，滑块可以在滑槽板中滑动。(要求：工程图图纸大小为 A2，绘图比例为 2∶1。)

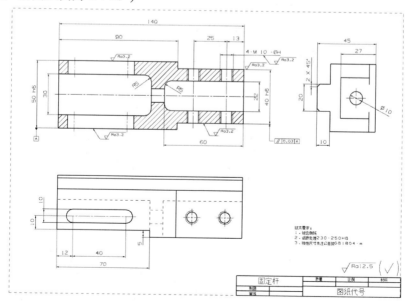

图 7-77 固定杆

3. 绘制一个调整架工程图，如图 7-78 所示。该调整架由螺栓板、轴孔座、连接板等组成。(要求：工程图图纸大小为 A2，绘图比例为 2∶1。)

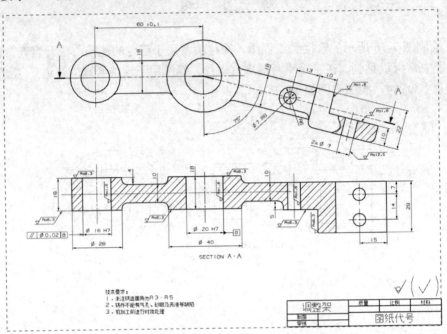

图 7-78　调整架

4. 绘制一个阶梯轴工程图，如图 7-79 所示。该阶梯轴由轴段、键槽、退刀槽、倒角等组成，两端的轴段有圆度公差要求。(要求：工程图图纸大小为 A2，绘图比例为 2∶1。)

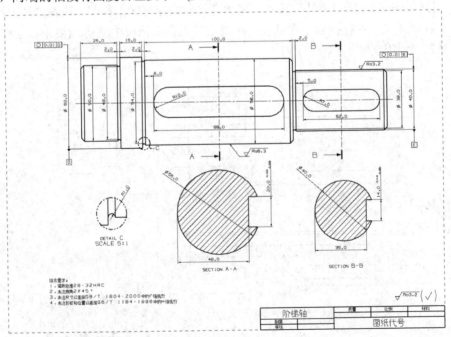

图 7-79　阶梯轴

项目八　模具设计

学习目的

UG 中注塑模具的设计有两种方式：一种在建模方式下进行，一种是借助 moldwizard 进行。本项目主要讲解在 UG 建模方式下如何进行注塑模具设计。

学习要点

(1) 注塑模具设计初步设置，具体包括三个方面的内容：拔模斜度分析、设置产品收缩率、产品位置调整。

(2) 型腔布局与工件设计，通过型腔布局操作可以实现一模多腔设计，为后续分型做好准备。

(3) 分型面的创建，分型面是用来分割工件的片体，创建的方法很多，需要根据产品结构创建曲面补片、主分型面，有侧抽芯的还要创建侧抽分型面。

(4) 型腔和型芯的设计，利用创建好的分型面分割工件获得型腔、型芯、侧型芯等。

思政目标

(1) 培养学生良好的集体主义精神、过硬的身心素质和人文素养。

(2) 引导学生学习老一辈科学家坚持国家利益高于一切的崇高情怀，强化为国奋斗的理想信念，形成历练本领、报效祖国的行动自觉。

8.1　任务34：注塑模具设计基础

注塑模具设计基础

8.1.1　注塑模具的基本结构

1. 注塑模具结构组成

一般情况下，注塑模具是由动模和定模两大部分组成的，其中动模安装在注射机的移动安装板上，定模安装在注射机的固定安装板上。在注射成型时，动模与定模闭合构成模腔和浇注系统，开模时动模和定模分离取出塑料件。图 8-1 所示为一典型的单分型面注塑模具，其中，图 8-1(a)为合模状态，图 8-1(b)为开模状态。

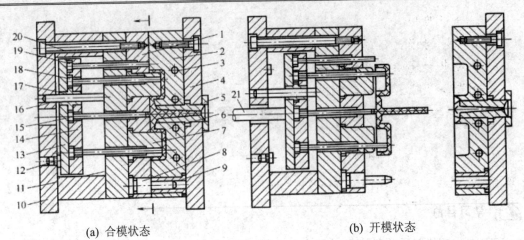

(a) 合模状态　　　　　　　　　　　　　(b) 开模状态

1—动模板；2—定模板；3—冷却水道；4—定模座板；5—定位圈；6—浇口套；7—型芯；8—导柱；

9—导套；10—动模座板；11—支承板；12—限位钉；13—推板；14—推杆固定板；15—拉料杆；

16—推板导柱；17—推板导套；18—推板；19—复位杆；20—垫块(模脚)；21—注射机的顶杆

图 8-1　单分型面注塑模具结构

2. 注塑模具八大结构

从图 8-1 中可看出，注塑模具的零件比较多，根据模具上各零部件的主要功能，一般将注塑模具分为以下几个基本组成部分。

1) 成型零部件

成型零部件通常包括型芯(成型塑料件的内部形状)和型腔(成型塑料件外部形状)，如图 8-2 所示。型芯与型腔在合模后构成一个密闭的空腔，称为模腔，熔融的塑料进入模腔后经冷却定型，即得到与模腔形状一模一样的塑料件。型芯和型腔一般会做成镶块，将其镶拼于动、定模板中。

(a)　型芯　　　　　　　　　　　(b)　型腔

图 8-2　型芯和型腔

2) 浇注系统

将熔融的塑料由注射机引向模腔的通道称为浇注系统，浇注系统一般由主流道、分流道、浇口和冷料井等部分组成。

3) 导向机构

导向机构是为确保动模与定模合模时准确吻合而必须设置的机构。导向机构通常由导柱、导套或动模、定模上分别设置的互相吻合的内外锥面等零件组成。

4) 脱模机构

脱模机构也称推出机构或顶出机构，是在开模过程中将塑料件和浇注系统凝料从模具中推出的机构。常见的脱模零件有推杆、推管、推块、推件板、脱浇板等；同时，为了保证这些脱模零件的正常工作，还必须设置各种辅助零件，如推板、推杆固定板、支承钉、推板导套和复位杆等，这一种或多种零件共同组成脱模机构。

5) 侧向抽芯机构

当注塑成型侧壁带有与开模方向不一致的孔、凹槽或凸台的塑件时，模具上成型于该处的零件就必须做成可侧向移动的零件，以便在脱模之前或脱模之时抽出侧向成型零件，否则塑件就无法脱模。完成侧向成型零件抽出和复位的整个机构称为侧向分型与抽芯机构，简称侧向抽芯机构。在图 8-3 所示的单分型面注塑模具中，塑件上方的侧孔(侧凹)采用侧型芯滑块 11 成型，开模时，由斜导柱 10 驱动侧型芯滑块完成抽芯动作；开模后，由弹簧 7 限制侧型芯滑块的位置，确保合模时斜导柱能顺利驱动侧型芯滑块；合模后，由锁紧块 9 锁定侧型芯滑块的位置，保证侧孔(侧凹)的成型精度。零件 5～11 组成了模具完整的侧向抽芯机构。

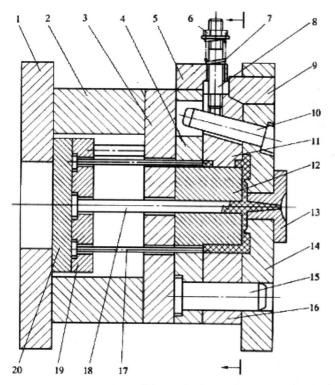

1—动模座板；2—垫块；

3—支撑板；4—型芯固定板；

5—挡块；6—螺母；7—弹簧；

8—螺杆；9—锁紧块；

10—斜导柱；11—侧型芯滑块；

12—型芯镶块；13—主流道衬套；

14—定模座板；15—导柱；

16—动模板；17—推杆；

18—拉料杆；19—推杆固定板；

20—推板

图 8-3　侧向抽芯机构在单分型面模具中的应用

6) 温度调节装置

塑料在注塑成型时对温度有严格的要求，所以模具上往往要设置冷却系统或加热系统。最常用的冷却方法是在模具内开设冷却水道后通以冷却水；反之，如果需要加热，则在模具内部或周围安装加热元件。

7) 结构零部件

将前述各机构固定到相应的位置，必须要用到各种结构零部件。结构零部件往往组装在一起，构成了注塑模具的基本骨架，称为模架。目前，注塑模架的类型、规格已经标准化，一般由专门的企业进行制造，设计人员在设计模具时按需选用即可。

8) 其他机构

如果模具是双分型面注塑模，还必须设置顺序开模控制机构；为了将模腔内的气体排出模外，大部分注塑模具都设计有排气系统等。

按注塑模的总体结构特征分类，可将注塑模具分为单分型面注塑模、双分型面注塑模、侧向分型与抽芯注塑模、带有活动嵌件的注塑模、定模带有脱模机构的注塑模具等。其中，单分型面注塑模具又称两板式注塑模。单分型面注塑模具在结构上具有典型的两块模板——动模板和定模板，图 8-1 和图 8-3 都是单分型面注塑模具。

8.1.2　注塑模设计界面介绍

在建模环境下打开"8.1.2.prt"素材文件，产品模型如图 8-4 所示；然后再在菜单栏中依次选择"应用模块"→"注塑模向导"命令，系统将会弹出新的"注塑模向导"工具条，并进入注塑模设计界面，如图 8-5 所示。

图 8-4　产品模型

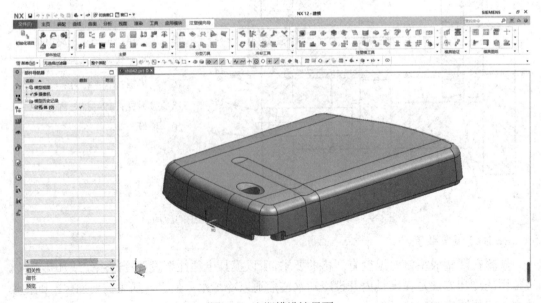

图 8-5　注塑模设计界面

其中，"注塑模工具"工具条如图8-6所示。

图8-6　"注塑模工具"工具条

后续将用到 ▣(包容体)快捷工具，根据所选的面快速创建与之关联的方块。

"分型刀具"工具条如图8-7所示。

图8-7　"分型刀具"工具条

后续将用到 ◈(曲面补片)快捷工具，为产品上的破孔创建曲面补片。

8.2　任务35：模具设计初步设置

模具设计初步设置

8.2.1　初步设置的具体内容

在建模环境下进行注塑模具设计需要完成以下初步工作。

(1) 拔模斜度分析：设置一个具体的拔模角度范围，以开模方向为基准，按拔模角度大小，塑件所有表面会以不同的颜色显示。其目的是分清塑件哪些部分需要型腔成型，哪些部分需要型芯成型，哪些部分需要侧向抽芯。

(2) 设置产品收缩率：与塑件所采用的材料种类有关，每一种塑料的收缩率都是一个范围值，这里取平均值。设置产品收缩率的目的是克服塑料熔体在冷却过程中由于收缩带来的尺寸误差。

(3) 产品位置调整：分模文件中，坐标系原点必须位于分型面的中心，且Z轴正向指向定模方向，以保证后续标准模架添加方向准确无误。

图8-8　"斜率分析"对话框

8.2.2　拔模斜度分析

打开"8.2.2.prt"素材文件，在页面左上角依次单击"菜单"→"分析"→"形状"→"斜率"命令，系统弹出"斜率分析"对话框；在"目标"选项下框选产品所有面，"参考矢量"指定"ZC"轴，"数据范围"选项下最小值和最大值分别设置为-0.1和0.1，如图8-8所示；单击"应用"按钮，则产品所有内外表面斜率分析结果如图 8-9 所示。塑件外表面以桃红色显示，表示此区域应由型腔成型；内表面以蓝色显示，表示此区域应由型芯成型。

图 8-9　产品斜率分析结果

最后单击"斜率分析"对话框中的"取消"按钮，退出操作界面。

8.2.3　产品位置调整

一般来说，在进行一模一腔设计时，坐标原点应位于分型面中心，且 Z 轴指向定模方向，为了缩小标准模架的外形尺寸，外侧抽芯应沿 X 轴进行布置，内侧抽芯应沿 Y 轴进行布置；特殊情况下，塑件上同时有外侧抽芯和内侧抽芯，应优先考虑内侧抽芯沿 Y 轴布置；若进行一模两腔设计，两个塑件应沿 Y 轴进行布置。

下面实例中是做一模一腔设计，坐标系的位置不满足要求，因此需要调整产品的位置。

1. 创建包容块

将操作页面切换到"注塑模工具"，在"注塑模工具"工具条中，单击 （包容体）按钮，系统弹出"包容体"对话框，"类型"接受默认设置"块"，如图 8-10 所示；在"面规则"工具条中选中"特征面"，如图 8-11 所示；然后点选产品上的任意一个面，系统会自动生成如图 8-12 所示的包容块；单击"确定"按钮，关闭"包容体"对话框。

图 8-10　"包容体"对话框　　　　　图 8-11　勾选"特征面"

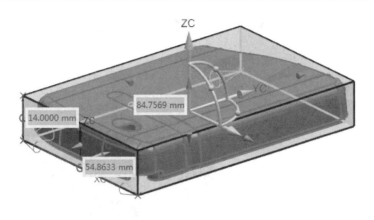

图 8-12 创建包容块

此时，新创建的包容块有可能会不透明，单击菜单栏中的"视图"，然后点选 （编辑对象显示)按钮，可将包容块设置为透明。

2. 插入直线

在菜单栏中单击"曲线"，然后单击 （直线)按钮，弹出"直线"对话框，如图 8-13 所示；勾选包容块下端面的任意一组顶点，如图 8-14 所示；单击"确定"按钮，完成直线的创建。

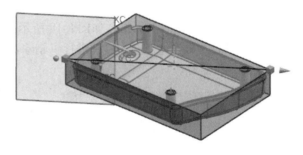

图 8-13 "创建方块"对话框　　　　　图 8-14 创建好的包容块

3. 移动产品

在菜单栏中依次选择"工具"→"移动对象"命令，弹出"移动对象"对话框；利用鼠标右键快捷菜单中的"从列表中选择"，选中产品，在"变换"选项下，将"运动"类型设置为"点到点"，拾取刚创建的直线的中点作为"出发点"，单击"指定终止点"后的 （"点"对话框)按钮，弹出"点"对话框；接受默认的输出坐标，即原点，单击"确定"按钮，回到"移动对象"对话框；在"结果"选项中，点选"移动原先的"，如图 8-15 所示；单击"确定"按钮，完成产品位置的调整，如图 8-16 所示。在部件导航器中，将包容块和直线进行隐藏。

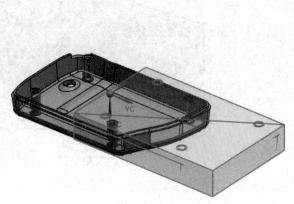

图 8-15　"移动对象"对话框　　　　　图 8-16　产品位置调整后效果图

8.2.4　设置产品收缩率

在菜单栏中单击"主页"，在特征工具条中依次选择"偏置/缩放"→"缩放体"命令，系统弹出"缩放体"对话框，如图 8-17 所示；点选产品，"缩放点"一项会立刻识别将原点作为缩放点，再将"比例因子"设置为 1.0045(这是塑料产品所采用的塑料原料的平均收缩率)；单击"确定"按钮，完成产品的缩放。从外观上看，产品没有发生任何变化，但实际上产品的所有尺寸都放大了 1.0045 倍。

最后，在页面左上角依次单击"菜单"→"编辑"→"特征"→"移除参数"命令，系统弹出"移除参数"对话框，如图 8-18 所示；框选产品，单击"确定"按钮，将"部件导航器"中的"缩放体"操作痕迹进行了删除，同时启用鼠标右键快捷菜单，将隐藏的包容块和直线也删除。

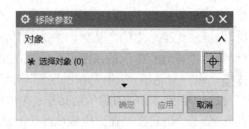

图 8-17　"缩放体"对话框　　　　　　　　图 8-18　"移除参数"对话框

8.3 任务 36：型腔布局与工件设计

8.3.1 型腔布局

型腔布局与工件设计

打开"8.3.1.prt"素材文件，为产品做一模两腔设计并进行型腔布局。

在菜单栏中依次选择"工具"→"移动对象"命令，系统弹出"移动对象"对话框；选择产品作为移动对象，"运动"方式选择"距离"，"指定矢量"为"YC 轴"，"距离"设置为−45，点选"移动原先的"，如图 8-19 所示；单击"应用"按钮，产品移动到 Y 轴负向，如图 8-20 所示。

图 8-19　移动参数设置

图 8-20　产品新位置

再次选择产品作为移动对象，"运动"方式选择"角度"，"指定矢量"为"ZC"轴，选定坐标原点作为旋转轴点，"角度"设置为180°，点选"复制原先的"，如图 8-21 所示；单击"确定"按钮，一模两腔布局如图 8-22 所示。

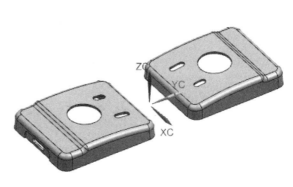

图 8-21　移动参数设置

图 8-22　一模两腔布局

8.3.2　工件设计

　　所谓工件，相当于毛坯，用来分割成型腔和型芯。下面为产品做一模两腔设计并创建工件。

　　在菜单栏中单击"主页"，在工具栏中单击 ▥(拉伸)按钮，系统弹出"拉伸"对话框，选择塑件下端平面作为草绘平面，创建如图 8-23 所示的草绘截面；完成草绘后，在"拉伸"对话框中进行如图 8-24 所示的参数设置；单击"确定"按钮，完成工件的创建。

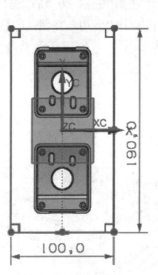

图 8-23　草绘截面　　　　　　　　　图 8-24　拉伸参数设置

　　由于创建的工件不透明，因此可在菜单栏中单击"视图"，利用 ▨(编辑对象显示)按钮，将工件设置为透明显示，如图 8-25 所示，方便后续操作。

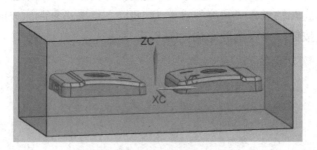

图 8-25　透明显示的工件

8.4　任务 37：分型面的创建

8.4.1　曲面补片

分型面的创建

　　打开"8.4.1.prt"素材文件，为图 8-26 所示的产品上所有孔创建曲面补片。

图 8-26　产品

单击菜单栏中的"注塑模向导"，在"分型刀具"工具栏中单击 ◎(曲面补片)按钮，系统弹出"分型导航器"对话框和图 8-27 所示的"边补片"对话框；将"类型"点选为"面"，选择如图 8-28 所示的产品上表面，因此面上有 5 个破孔，系统会自动识别出 5 个闭环，在"列表"一项中，仅选中最大的环，单击"应用"按钮，此破孔通过曲面补片的方式即完成了修补，如图 8-29 所示；接着依次选择图 8-30 所示的产品上的四个阶梯孔环面，并将其修补；单击"确定"按钮，完成产品上所有破孔的修补，如图 8-31 所示。

图 8-28　选择面 1

图 8-27　"边补片"对话框　　　　　　　　　图 8-29　修补孔 1

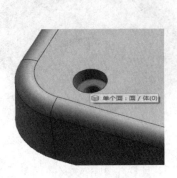

图 8-30　选择面 2

图 8-31　修补孔 2

8.4.2　主分型面的创建

修补完产品上的所有孔之后，再创建拆分型腔、型芯的主分型面。

(1) 在菜单栏中单击"主页"，在工具栏中单击 (草图)按钮，系统弹出"创建草图"对话框；选择如图 8-32 所示的产品下端面作为草绘平面，绘制如图 8-33 所示(矩形大小主要根据后续工件的尺寸而定，产品外轮廓通过"草绘"工具条中的"投影曲线"命令创建)的截面，单击 (完成草图)按钮，退出草绘界面。

图 8-32　选择草绘平面

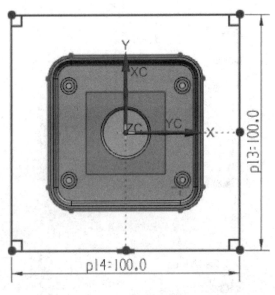

图 8-33　草绘截面

(2) 在"主页"下的"曲面"工具条中单击"有界平面"命令，系统弹出如图 8-34 所示的"有界平面"对话框；分别点选创建好的草绘截面的矩形线框和产品外轮廓，单击"确定"按钮，创建有界平面完成，结果如图 8-35 所示。

图 8-34 "有界平面"对话框

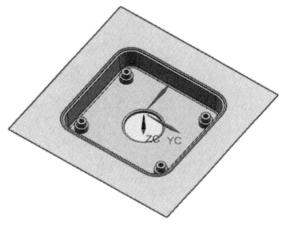

图 8-35 创建好的有界平面

8.5 任务 38：型腔和型芯设计

打开"8.5.1.prt"素材文件，如图 8-36 所示。

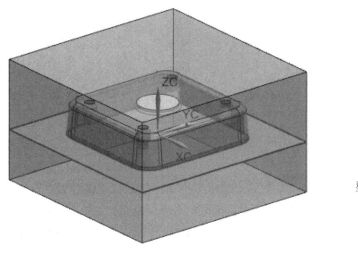

型腔和型芯设计

图 8-36 创建好的工件

8.5.1 产品与工件求差

在菜单栏中"主页"下的"特征"工具条中单击 🔾(减去)按钮，系统弹出"求差"对话框；选择创建好的工件并将其作为目标体，选择产品作为工具体，勾选"保存工具"，单击"确定"按钮，完成对工件的求差操作。

在页面左上角依次单击"菜单"→"编辑"→"特征"→"移除参数"命令，系统弹出"移除参数"对话框；框选所有特征和体，然后单击"确定"按钮，关闭弹出的"信息"对话框。可以看到，在工件中形成了和产品相同的空腔，如图 8-37 所示。

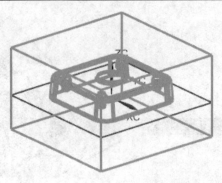

图 8-37　求差后的工件

8.5.2　拆分型腔和型芯

在菜单栏中"主页"下的"特征"工具条中单击▥(拆分体)按钮，系统弹出"拆分体"对话框，如图 8-38 所示；选择创建好的工件并将其作为目标体，依次选择主分型面和 5 个曲面补片作为工具体，如图 8-39 所示；单击"确定"按钮，完成对工件的拆分。

图 8-38　"拆分体"对话框　　　　　　图 8-39　选择拆分目标体和工具体

在页面左上角依次单击"菜单"→"编辑"→"特征"→"移除参数"命令，移除一下参数，在"部件导航器"中利用鼠标右键快捷菜单将所有曲面补片和不必要的体删除，仅留下产品、型腔、型芯三个体即可。可以查看得到的型腔和型芯分别如图 8-40 和图 8-41 所示。

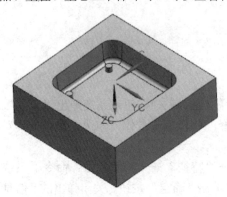

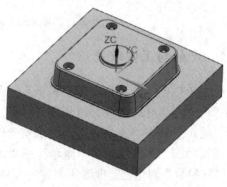

图 8-40　型腔　　　　　　　　　　　图 8-41　型芯

8.6　任务39：模具设计综合实例

打开"8.6.prt"素材文件，产品如图8-42所示。

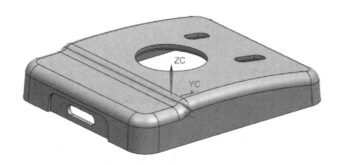

模具设计综合实例

图8-42　产品

1. 模具设计初步设置

1) 拔模斜度分析

在页面左上角依次单击"菜单"→"分析"→"形状"→"斜率"命令，系统弹出"斜率分析"对话框；在"目标"选项下框选产品所有面，"参考矢量"指定"ZC"轴，"数据范围"选项下最小值和最大值分别设置为 −0.1 和 0.1，单击"应用"按钮，则产品所有内外表面斜率分析结果如图8-43所示。

图8-43　斜率分析结果

塑件外表面以桃红色显示，表示此区域应由型腔成型；内表面以蓝色显示，表示此区域应由型芯成型；绿色部分为直壁部分，且有孔，需采用侧向抽芯成型。

最后单击"斜率分析"对话框中的"取消"按钮，退出操作界面。

2) 产品位置调整

本任务中，产品的侧壁有孔，需要采用外侧向抽芯机构。接下来做一模一腔设计，因为此产品外侧抽芯应沿着 X 轴进行布置，故操作方法如下：

在菜单栏中选择"工具"→"移动对象"命令，系统弹出"移动对象"对话框；框选产品，在"变换"选项下，将"运动"类型设置为"角度"，指定"ZC"轴为运动矢量，指定坐标原点为运动轴点，将"角度"设置为90°，在"结果"选项中，点选"移动原先的”，如图 8-44 所示；单击"确定"按钮，完成产品位置的调整，结果如图 8-45 所示。

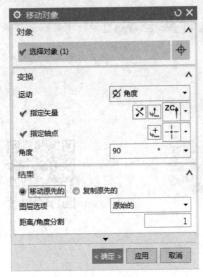

图 8-44　"移动对象"对话框

图 8-45　调整位置后的产品

3）设置收缩率

(1) 在菜单栏中单击"主页"，在特征工具条中依次单击"偏置/缩放"→"缩放体"命令，系统弹出"缩放体"对话框；点选产品，"缩放点"一项也会立刻识别将原点作为缩放点，并将"比例因子"设置为 1.0045；单击"确定"按钮，完成产品的缩放。

(2) 在页面左上角依次单击"菜单"→"编辑"→"特征"→"移除参数"命令，系统弹出"移除参数"对话框；框选产品，单击"确定"按钮，即将"缩放体"操作痕迹进行了删除。

2. 分型面的创建

1）曲面补片

单击菜单栏中的"注塑模向导"，在"分型刀具"工具栏中单击 ◈(曲面补片)按钮，系统弹出"分型导航器"对话框和"边补片"对话框；将"类型"勾选为"面"，选择如图 8-46 所示的产品上表面，此面上有 3 个破孔，系统会自动识别出 3 个闭环，单击"应用"按钮，则此面上的 3 个破孔即通过曲面补片的方式完成了修补，如图 8-47 所示；选择图 8-48 所示的产品内侧面，单击"确定"按钮，侧壁上的破孔在产品内表面上完成修补，如图 8-49 所示。

图 8-46　选择面

图 8-47　修补孔

图 8-48 选择面　　　　　　　　　图 8-49 修补孔

2) 主分型面的创建

(1) 创建有界平面。

① 修补完产品上的所有孔之后，再开始创建拆分型腔、型芯的主分型面。在菜单栏中单击"主页"，在工具栏中直接单击 ▣(草图)按钮，系统弹出"创建草图"对话框；选择如图 8-50 所示的产品下端面作为草绘平面，绘制如图 8-51 所示的截面(矩形大小根据后续工件的尺寸而定)；单击 ▦(完成草图)按钮，退出草绘界面。

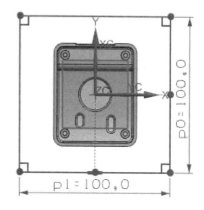

图 8-50 选择草绘平面　　　　　　　图 8-51 草绘截面

② 在"主页"下的"曲面"工具条中单击"有界平面"命令，系统弹出"有界平面"对话框；点选创建好的矩形线框，单击"确定"按钮，有界平面创建完成，结果如图 8-52 所示。

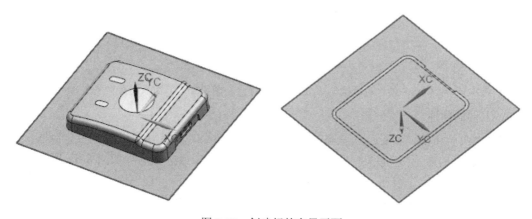

图 8-52 创建好的有界平面

（2）修剪有界平面。

① 在页面左上角依次单击"菜单"→"插入"→"关联复制"→"抽取几何特征"命令，系统弹出如图 8-53 所示的"抽取几何特征"对话框；"类型"点选"复合曲线"；依次选择产品下端面的所有轮廓线，如图 8-54 所示；单击"确定"按钮，完成产品轮廓线的抽取。

图 8-53　"抽取几何特征"对话框

图 8-54　抽取产品轮廓线

② 在"主页"下的"特征"工具条中单击"修剪片体"命令，系统弹出"修剪片体"对话框，如图 8-55 所示；选择创建的有界平面，将其作为目标片体，再选择抽取的复合曲线，将其作为边界对象；单击"确定"按钮，完成对有界平面的修剪，如图 8-56 所示。

图 8-55　"修剪片体"对话框

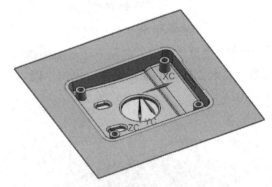

图 8-56　修剪后的有界平面

3. 工件的创建

在"主页"下的"特征"工具条中单击"拉伸"命令，系统弹出"拉伸"对话框；选择图 8-57 所示的矩形边框并将其作为截面，在"拉伸"对话框中进行如图 8-58 所示的参数设置；单击"确定"按钮，完成工件的创建，如图 8-59 所示；在"视图"菜单下，利用 （编辑对象显示）按钮，将工件设置为透明显示，方便后续操作，如图 8-60 所示。

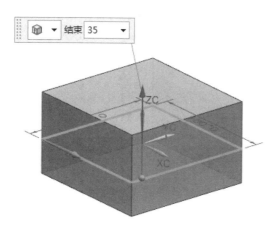

图 8-57 选择拉伸曲线

图 8-58 设置拉伸参数

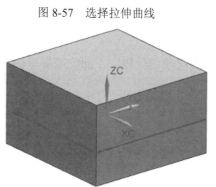

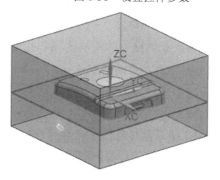

图 8-59 创建好的工件

图 8-60 透明显示的工件

4. 型腔、型芯的设计

1) 产品与工件求差

(1) 在菜单栏中"主页"下的"特征"工具条中单击 (减去)按钮，系统弹出"求差"对话框；选择创建好的工件并将其作为目标体，选择产品并将其作为工具体，勾选"保存工具"；单击"确定"按钮，完成对工件的求差操作。

(2) 在页面左上角依次单击"菜单"→"编辑"→"特征"→"移除参数"命令，系统弹出"移除参数"对话框；框选所有的特征和体，然后单击"确定"按钮，关闭弹出的"信息"对话框，隐藏产品后可以看到工件中形成了和产品相同的空腔，如图8-61 所示。

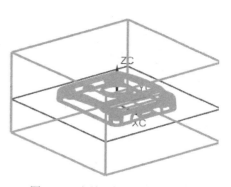

图 8-61 求差并移除参数后的工件

2) 拆分型腔、型芯

(1) 在菜单栏"主页"下的"特征"工具条中单击 ▦ (拆分体)按钮，系统弹出"拆分体"对话框；选择创建好的工件并将其作为目标体，依次选择主分型面和4个曲面补片并将其作为工具体；单击"确定"按钮，完成对工件的拆分。

(2) 移除一下参数，并在装配导航器中可以删除其余不必要的特征，仅留下产品、型腔和型芯3个体即可。可以查看得到的型腔和型芯分别如图8-62和图8-63所示。

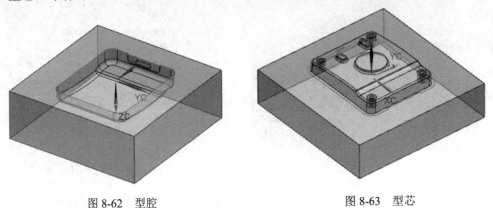

图 8-62 型腔   图 8-63 型芯

5. 侧型芯的拆分

成型产品侧壁上的凹陷区域和孔需要采用侧向抽芯机构，下面先来拆分侧型芯。

1) 侧型芯分型面的创建

在装配导航器中隐藏产品和型芯，仅留下型腔。

在"主页"下的"特征"工具条中单击"拉伸"命令，系统弹出"拉伸"对话框；选择图8-64所示的轮廓线，并将其沿X轴正向进行拉伸，单击"确定"按钮，创建如图8-65所示的曲面，将其作为侧型芯分型面。

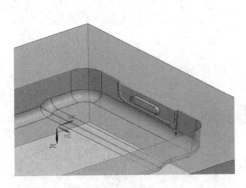 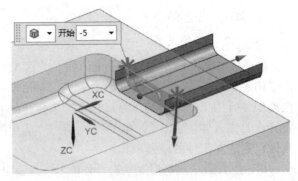

图 8-64 选择拉伸轮廓线   图 8-65 拉伸创建曲面

2) 侧型芯的拆分

在菜单栏"主页"下的"特征"工具条中单击 ▦ (拆分体)按钮，系统弹出"拆分体"对话框；选择型腔作为目标体，选择已拉伸的曲面作为工具体，单击"确定"按钮，完成对型腔的进一步拆分，得到侧型芯。

移除一下参数，可以查看得到的新型腔和侧型芯分别如图 8-66 和图 8-67 所示。

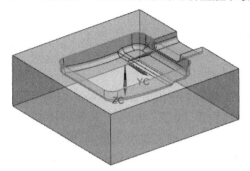

图 8-66 进一步分割后的型腔

图 8-67 侧型芯

小 结

本项目主要针对 UG 建模方式下如何进行简单注塑模具的设计进行了介绍，具体内容包括模具设计初的拔模斜度分析、产品位置调整和收缩率的设置，型腔的布局与工件创建、分型面的创建、型腔和型芯的拆分等。其中，分型面的创建是难点也是重点，型腔和型芯最终能否拆分成功主要依赖于分型面的创建是否合理规范。

产品位置进行调整时，如果分型面中心容易识别，可直接一步移动产品到位；如果产品结构不规范，就可参考任务 35 中先创建包容块，然后插入直线，寻找直线中点来移动产品的做法。

任务 39 中主分型面的创建方法利用任务 37 中的方式也可完成，即草绘过程中一次性将主分型面的内外轮廓全部画出，接下来利用"有界平面"命令拾取草绘的外轮廓和内轮廓即可生成所需要的主分型面。

练 习 题

1. 针对图 8-68 所示产品模型，对其进行注塑模具型腔、型芯、侧抽芯的设计。
2. 针对图 8-69 所示产品模型，对其拆分型腔和型芯。

图 8-68 产品模型

图 8-69 产品模型

参 考 文 献

[1] 陈志民. UG NX 10 完全学习手册. 北京：清华大学出版社，2015.

[2] 郭晓霞，周建安，等. UG NX 12.0 全实例教程. 北京：机械工业出版社，2020.

[3] 钟日铭，等. UG NX 10 完全自学手册. 北京：机械工业出版社，2015.

[4] 设计之门老黄. 中文版 UG NX 10.0 完全实战技术手册. 北京：清华大学出版社，2015.

[5] 杜鹃. 新手案例学 UG NX 10.0 从入门到精通. 北京：机械工业出版社，2015.

[6] 郝利剑. UG NX 10 基础技能课训. 北京：电子工业出版社，2016.

[7] 北京兆迪科技有限公司. UG NX 12.0 模具设计教程. 北京：机械工业出版社，2019.

[8] 黄开旺. 注塑模具设计实例教程. 2 版. 大连：大连理工大学出版社，2009.

[9] 全国职业院校技能大赛模具赛项组委会. 模具数字化设计与制造工艺赛项样题库，2017.

[10] 高雨辰. UG NX 10.0 三维数字化辅助产品设计. 北京：清华大学出版社，2018.

[11] CAD/CAM/CAE 技术联盟. UG NX 10.0 中文版从入门到精通. 北京：清华大学出版社，2016.

[12] 槐创峰，贾雪艳. UG NX 10 中文版完全自学手册. 北京：人民邮电出版社，2018.